# 洋葱思考法

[日]芝本秀德 著

周子善 译

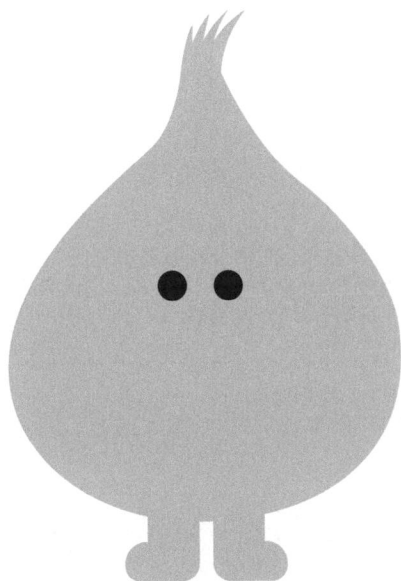

誰も教えてくれない考えるスキル

人民邮电出版社

北　京

**图书在版编目（CIP）数据**

洋葱思考法 ／（日）芝本秀德著 ；周子善译. -- 北京 ： 人民邮电出版社，2023.7
ISBN 978-7-115-61590-9

Ⅰ．①洋… Ⅱ．①芝… ②周… Ⅲ．①思维方法
Ⅳ．①B80

中国国家版本馆CIP数据核字(2023)第062860号

## 内 容 提 要

"花时间思考"不等于有效的深层思考。深层的思考是一个由浅入深、由表及里的过程。

本书在总结前沿思考法的基础上，结合生活和职场中出现的各种思考难题，提出了能够抓住问题本质从而真正解决问题的洋葱思考法。作者制定了一套解决问题的流程，并把整个流程分为八个步骤，同时提出深层思考的五个层级以及上升到每个层级所必备的五个思考技能，教你一步一步地像剥洋葱一样揭开事实真相，找到关键节点。

如果你总是埋头苦干，却很少抬头看路；如果你常常拿来就做，却很少关注结果；如果你习惯于用战术上的勤奋掩盖战略上的懒惰；如果你觉得越努力离成功就越远，那么请你一定要读一读这本书，它能帮助你看清问题的本质，逼近事物的真相，为你指明有效思考的途径。

◆ 著 ［日］芝本秀德
译 周子善

责任编辑 谢 明
责任印制 彭志环

◆ 人民邮电出版社出版发行 北京市丰台区成寿寺路 11 号
邮编 100164 电子邮件 315@ptpress.com.cn
网址 https://www.ptpress.com.cn
涿州市般润文化传播有限公司印刷

◆ 开本：880×1230 1/32
印张：8.25 2023 年 7 月第 1 版
字数：200 千字 2024 年 10 月河北第 3 次印刷
著作权合同登记号 图字：01-2017-3136 号

定 价：59.80 元
读者服务热线：（010）81055656 印装质量热线：（010）81055316
反盗版热线：（010）81055315
广告经营许可证：京东市监广登字 20170147号

前言

## 几乎所有的行业都需要思考的技能

我想通过这本书实现我这十几年来一直努力在做的一件事情，那就是和大家探讨一下究竟什么才是思考的精髓。

有些人在思考的时候非常认真，却不知道该如何有效地思考；有些人读过很多有关逻辑思维的书，却始终只是纸上谈兵。如果你也存在这样的困扰，我相信在读了本书以后，你会很明确地知道该如何思考，或者学会采用什么样的练习方式来提高自己的思考能力。

我曾经是一名软件工程师，虽然本书有一部分案例和软件开发相关，但思考逻辑也适用于其他行业。也许有人会担心所从事的职业不同，我讲的内容无法适用于他的实际情况，那么请放心，思考这项能力无论在哪个行业都是相通的。

我曾在日经 BP 出版社举办的"让你终身受益的思考技能"研讨会上做过主题演讲，本书的内容就是在那场演讲的基础上完善的。

大学一毕业，我就进了一家 IT 公司，并且在那里做了很长一段时间有关汽车电子系统软件开发的工作。之后，我又做了一段时间软件开发项目的负责人。

现在，我担任一家公司的董事长。我们公司的主要经营范围包括咨询、进修培训以及研讨会的活动策划等。而我最擅长的咨询主题就是"提高人员与组织的执行力"。很多时候，大家有着很好的构想和周详的计划，可一旦执行起来却发现困难重重。我的工作就是帮助企业解决这些难题，比如支援它们的项目管理工作，或者在系统开发方面保证客户与开发者之间可以进行顺畅的沟通。有时候我会直接加入它们的项目管理部门，来帮助它们推进项目的顺利实施。

我把研究价值工程（Value Engineering，简称为 VE）作为自己毕生所追求的事业。在大家熟知的与制造业相关的方法论中，价值工程与工业工程（Industrial Engineering，简称为 IE）、质量控制（Quality Control，简称为 QC）并列为三大管理技术。这些方法论都在关注究竟该如何实现既能进一步降低成本又可以不断提高组织的运行效率。目前，价值工程的体系化方法论已经形成，我参加过在美国举行的价值工程峰会，并发表了关于最新方法论的论文。所以在后续章节中，我还会多多少少地提到一些有关价值工程方面的内容。

## 写这本书的理由

一直以来，我从事的工作都与"思考"这件事有着千丝万缕的关系。从软件开发人员到现在的咨询顾问，这些工作都离不开思考。在我们生活的这个时代，很多工作都依赖于深度思考。

如果我们不善于思考，工作就很难完成，可偏偏没有人专门教我们如何去思考，更不会有领导主动走到面前跟你说："今天我来教你一个提高思考效率的方法吧。"

当我还在从事软件开发工作的时候，没有人告诉我该如何设计软件、如何编写程序；更没有人告诉我到底怎样才能做出完美的设计，怎样才能在不影响整体项目进度的情况下确保达到品质、成本和交货期限的要求，怎样才能解决问题以及提高思考效率。当然，有很多人会教我们其中的某个部分，但目前还没有人将它整理成一套完整的理论来做系统性的讲解。

我们一般会通过读书来拓展见识，也会直接向别人请教。有时候我们还会分析一下别人好的行为和做法，然后按照自己的理解尝试着去模仿，并且希望可以将其变为自己的本领。

但无论我们学得多么努力，事情总不会是一帆风顺的。遇到挫折时我们就会想，到底是哪里出了问题？这样，通过不断地调整与学习，我们每次都能获得一些新的领悟。就在这一次次的反复之中，我们将知识和经验转化为自己对世界的认知。但是完全靠我们去自学是一种效率非常低的方法，也正因为低效，所以只有一部分悟性较高的人才会在不经意中领略其中的奥秘。

当我刚进入公司还不到半年时，我还只是一个普通的工程师。公司安排吉田师傅带我这个新人。他对我说，领导觉得我未来的发展不太乐观。当然，可能为了激起我的斗志，领导也会当着我的面说类似的话。除了领导，公司里的那些前辈也对我有过同样的评价。

但是，吉田师傅倒是觉得我很有发展潜质，不但专业技术过硬，而且将来会有更多的人需要我，让我干出个样儿来给大伙儿看看。我听了这些话，自然很开心，虽然之前我有过放弃的想法，但那一阵每天都过得很快乐，也就慢慢地淡化了这个念头。吉田师傅是一位很厉害的工程师，我就想，既然他都这么说了，或许我还真有一点天赋吧。后来我甚至对此深信不疑，并且一直很认真地对待工作。

很幸运，我从吉田师傅那里得到了信心和希望，他确实传授了我一些提高思考能力的技巧。其实大部分人在生活中都没有这样的幸运。我觉得我们身边很多人都有怀才不遇的困扰，他们往往没有合适的机遇，也无法发挥自己的才能，时间一长也就被彻底埋没了。在我刚做工程师的时候，这种感觉最为强烈。公司的前辈每天都在沉默少语的环境里按部就班地做着软件设计和开发工作，他们并不会主动告诉新人该如何处理这些陌生的工作。那时候我就想，如果一直这样下去，公司会有好的发展吗？假如我以后有了下属，我会像吉田师傅那样给他们传授自己的经验。

其实，我之前完全没有系统地学习过编程或项目开发工作。大学时，我读的是英语语言专业，具体的研究方向是语言学中的一个小分支——语法。举个例子，比如我们熟悉的一个英语句子"This is a pen"，那么为什么不能把语序改成"Pen is a this"呢？我们是根据什么来判断在英语语境中"This is a pen"就是对的，而"Pen is a this"就是错的呢？以英语为母语的小朋友又是如何去学习这些规则的呢？除了英语语法之外，是否还存在着全世界都可以通用的国际语法呢？这些都是我在上大学时要研究的课题。

与这个课题相关的是"生成语法理论"，这是美国麻省理工学院的学者乔姆斯基[①]提出的。虽然我在大学时没有好好学习语言的专业知识，但也接触了一些关于透过事物表象来揭示本质的规则和方法，直到今天，这种思考方法对我来说依然受用。

---

① 艾弗拉姆·诺姆·乔姆斯基（Avram Noam Chomsky），美国哲学家，麻省理工学院语言学的荣誉退休教授。乔姆斯基的《生成语法》被认为是 20 世纪理论语言学研究上伟大的贡献。——译者注

我很想成为一名程序员，大学一毕业就进了一家IT公司。最开始，我并没有意识到所学的语法知识会给我将来的工作带来怎样的帮助。一直以来，我连碰都没有碰过电脑，直到我写毕业论文时才开始接触电脑。想想那时候，我甚至还是个连盲打都不会的人，再看看跟我同时进公司的新人，他们要么是信息技术专业院校科班出身，要么从小就喜欢编程，冷不丁地加入他们的团队还真是让我一下子难以适应。还有一位同事说自己对编程的喜爱甚至超过了一日三餐。总体来说，我的身边充斥着把"我超级喜欢编程""我对编程比较拿手"这样的话挂在嘴边的人。当然，部门的前辈和领导每天也都在讨论这些内容。而我一没专业知识，二没行业经验，初来乍到，完全不知道该做些什么，也不知道该如何与大家相处。

有时候，即使我鼓起勇气想请前辈或领导给我讲讲公司的运行情况，他们也只会说这需要我亲身去感受才行，完全没有想教我的意思。有时候经不住我的再三恳求，他们也会愿意倾听我内心的困惑，但听完以后他们会有一种莫名其妙的感觉，完全不知道我的困惑是什么。甚至还有一些人直接对我说，如果连这个都还没整明白的话，最好还是辞职别干了吧。

于是，我开始学着观察前辈和领导每天都在做些什么，想把他们做的事情系统地整理一下，并且把这个工作过程总结成可以再现的形式。可我并不是一个聪明的人，有很多东西不是看一眼就能立刻弄明白的。所谓聪明的人，就是别人告诉他该怎么做之后，他可以立刻抓住其中的精髓并运用自如，而我却做不到这一点。更多时候我想要弄清楚对方的思路，想知道他是用了什么样的方法来进行分析并得出结论的。如果不能把事情的来龙去脉搞清楚，我就很难真正地理解一件事。对于脑子不灵光这件事，我真是一点办法也没有，所以我只能通过系统化的方式来提高自己的思考能力。

事后想想，前辈和领导实际上并不是不愿意教，而是不知道该怎么教。因为有些事你自己可以做得很好，但并不代表你也能教会别人并且让他和你做得一样好。想教别人，就必须有一定的知识储备和体系，如果知识不能成体系，那么想教会别人是一件很难的事。

我在给企业做咨询的时候，经常会问企业经营者一个问题，那就是他们给员工做培训的目的是什么。各位读者觉得出现频率最高的答案会是什么呢？其实他们并不指望通过培训来让员工在短时间内提高自己的工作技能，而是想让员工看到希望，或是让员工有学习的动力，也想让他们学会该如何思考问题，并且知道自己前进的方向在哪里。因为经营者知道人一旦有了希望就会有奋斗的动力，有了方向就知道自己该做些什么。我们不可能通过一次研讨会就让别人学会一项技能，而应当在日常的工作中不断地积累和总结经验。本书的出发点也是一样的，各位读者仅仅通过阅读一本书不可能一下子掌握所有的思考技能，但它可以为大家提供一个良好的开端或契机。

　　当我们有了契机，接下来要做的就是用实际行动去努力了。无论你是一个非常善于阅读并有一定理解能力的人，还是一个从小就很不喜欢阅读的人，都会很容易接受我这本书里所阐述的内容。但要问是不是所有人读了以后都能学会如何思考，我的答案是否定的，因为每个人的情况都不同。当然，虽然不需要有多强的学习能力，但也要求我们应该有敢于尝试和锲而不舍的精神。换句话说，只要你实际行动了，就一定会有回报。所以，请大家在读完这本书之后，试着学以致用，只有这样，你的思考技能才会有所提升。

目录

# 01

## 人人都有的思考难题

　　在本书中，我想为大家介绍的内容主要分为两个部分，即"解决问题的八个步骤"和"五个思考层级"。简而言之，本书是专为大家量身定制的关于如何提高思考技能的书。我会向大家介绍思考的基本方法，希望能够帮助大家学会如何更加深入地思考问题，从而一层一层地接近事物的本质。当然，最终目的也是与大家分享到底该如何更好地解决问题。

　　近十年来，学习如何解决问题一直是职场人士的必修课。但如果要问他们解决问题的能力是否有实质性的提高，我想答案应该是否定的。理由很简单，当面对突发情况时会有很多人手足无措，另外，还有很多人已经习惯了职场中的循规蹈矩，不再有任何创新意识。

在此，我将从"到底该如何思考"这一基本问题开始，由浅入深，向大家介绍在日常工作中合理运用思考技能的方法。简单地说，我们所做的一切都是为了让工作的开展变得更加科学合理。大家可以想象一下，当你熟练地掌握了一些思考技能之后，会发生哪些意想不到的变化呢？

在工作中，熟练掌握思考技能就可以实现以下三点（见图1）。

- 可以与客户、领导和同事展开有效沟通，并清楚地理解讨论的核心内容
- 可以向下属简明且准确地下达任务
- 可以高效地阐明方案和报告内容

图1 当你掌握了思考技能之后

第一，可以与客户、领导和同事展开有效沟通，并清楚地理解讨论的核心内容。要知道，很多人都不善于讨论问题。他们有时很想和客户或者领导理论一番，却往往力不从心；或者心里明明觉得哪里不对劲，觉得有些地方做得还不够好，却没有办法准确地表达自己的意见；又或者明知道错在哪儿了，可就是不知道该如何组织自己的语言，更不知道该从何说起。结果就是脑子里一边想着有问题，一边又只能接受眼前的现实。当我们听出对方讲话中的问题时，如果可以弄清楚哪里出了问题，为什么会出现这个问题，并且能够向对方说清楚自己解决问题的方法，就会极大地提高沟通效率。

第二，可以向下属简明且准确地下达任务。要想提高下属的工作效率，在下达任务的时候就必须做到清晰明确而不是模棱两可。因此，用符合逻辑的语言告诉他们要做什么、该怎么做，是非常必要的。下属会根据任务要求去完成自己的工作。当他们把成果展示在我们面前时，我们需要对他们的工作给予一定的评价。一般情况下，我们也许会指出他们在文档归纳、方案起草等工作上的不足，有时也会指出他们经常犯的错误，但我们往往无法说清楚他们为什么会犯错。即使有时候我们会告诉他们该如何改正，却又不能准确地告诉他们为什么要这么改。如果一直无法向他们解释清楚为什么会犯错、为什么这么做就能弥补错误等问题，那么下次他们还是会犯同样的错误。

第三，可以高效地阐明方案和报告内容。事实上，有很多人都不擅长做报告，也有些人在做报告时看似侃侃而谈，但实际上做出的方案却十分空洞且不具备任何可操作性。

由于工作的原因，我听过很多IT开发商负责人做的报告。很多时候，我听着听着就忍不住想问他们到底在说些什么。虽然他们也会给我一些解释，但我经常觉得大部分人都在答非所问，给出一些错位的答案。如果他们能掌握一些基本的思考技能，就不会出现这样的问题了。

我们为什么要做报告？目的就是为了让听众接受我们的想法。简单来说，其实报告这个形式并不重要，重要的是要在做完报告以后能够让听众知道你想表达什么，也知道自己该干什么。因此，在做报告时，我们要更多考虑的是如何调动听众的积极性。

## "思考难民"的三个特征

为什么说有些人不能认真思考呢？因为有些人是属于条件反射型的，这类人的最大特点就是说话之前不经过大脑思考，而是习惯性地脱口而出。我们可以把这种行为概括为"即兴的、无计划、无预设"。所谓"无预设"，是编程过程中典型的反面教材，也就是还没有完全设计好方案就让程序先运行起来。我们也可以把这类人称为行动派，他们无论接到什么样的任务，先干再说。这种行为方式看起来好像是一种高效的处理方法，但实际上却十分影响工作效率。很明显，这样的工作方式会带来很多不必要的返工（见图 2 ）。

- 即兴的、无计划、无预设
- 话不对题
- 不知所云
- 想起一出是一出，缺乏系统性和逻辑性

**图 2　条件反射型**

做项目也是一样，有些人"不管三七二十一"，先干着再说，这是不可取的。当然，在执行计划时会遇到一些意外，此时抛开原计划进行尝试性的探索也未必是一件坏事。

我经常说的一句话就是："现实的品质永远不会超越当初的设计。"打个比方，我们想要建造一栋房子，就必须有设计图，要把想法和设计落实在一张有形的图纸上。我想没有人会在没有设计图的情况下就着手建造房子吧。一旦开始施工，房子的质量就完全取决于当初的设计了，这一点是毋庸置疑的。如果最初的设计图就差强人意的话，最后建造出来的房子也不会好到哪里去。说完了房子，我们再回到项目上来，那么项目设计究竟又是怎么一回事呢？其实项目设计就是做一份计划书。没有一份好的计划书，项目是很难顺利推进的。

比如，大家要策划一场活动，就必须准备好一份运营计划书。或许你的活动会得到很多人的响应，又或许会场的气氛会异常热烈，但是，这场活动的最终效果很难好于你当初计划的样子。也就是说，你所举办的活动的品质是在活动开始之前就已经被确定好了的。所以，我们在做事情之前一定要想好怎么去做，而不能拿来就做。

"思考难民"的另外一个特征就是，做事没有任何的应变能力。你让他做什么他就做什么，如果你什么都不告诉他，他就不知道自己该干什么了。有些人会觉得"领导让我做什么我就做什么"是理所应当的事情，还有些人甚至会觉得自己都按照领导说的去做了，因此应该得到表扬。更有甚者，他们明明已经意识到了计划无法顺利进行并且需要做出调整，或者在执行过程中发现了计划的缺陷，可还是会按照原计划继续推进。总而言之，他们并不知道自己工作的意义是什么，也不想搞清楚这么做的目的是什么，而只是执行命令或完成任务。这也是"思考难民"的一个最明显的特征。

"思考难民"还有一个特征就是只关注事物的表面现象。让我们举个例子来说明。假设我们打算开一家小餐馆，我们就会遇到如何更快地出菜、如何提供更优质的服务、如何合理布置桌椅、如何保持店铺整洁等一系列问题。一般我们把这些称为 QSC〔商品质量（Quality）、服务质量（Service）、清洁状况（Cleanliness）〕。这些都是我们可以用眼睛看到的具象的世界。

但在真正的经营过程中，我们只关注可见的部分是远远不够的，还得留心许多表面上看不见的问题。例如，我们还要考虑怎样才能得到顾客的认可，该向顾客提供什么样的价值，怎么做才能和竞争对手形成鲜明的差异化优势，怎样向顾客展示自己的特点和长处等（见图 3）。

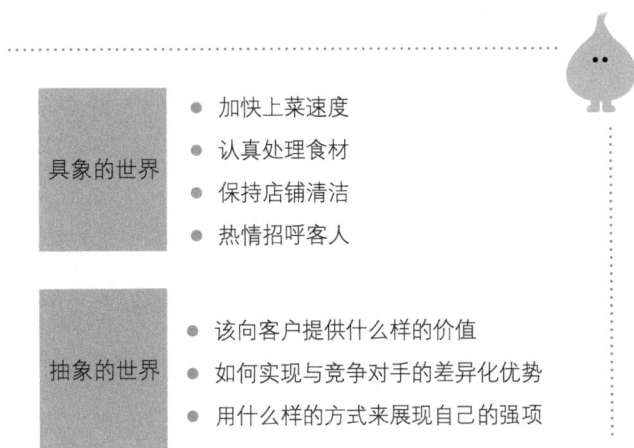

具象的世界
● 加快上菜速度
● 认真处理食材
● 保持店铺清洁
● 热情招呼客人

抽象的世界
● 该向客户提供什么样的价值
● 如何实现与竞争对手的差异化优势
● 用什么样的方式来展现自己的强项

**图 3　善于做具体的工作，抽象思维能力较差**

要知道，既存在一个我们看得见的世界，同时也存在一个我们看不见的世界。换句话说，既有一个具象的世界，又有一个抽象的世界。而"思考难民"就比较适合具象的世界，因为在这个世界里，直接用眼睛就能看得到。然而，他们对于无形的抽象世界就显得有点手足无措了。我们常说努力是看得见的，但是方法是看不见的。平时我们可以看到每个人都在做自己的工作，可以看到他们的行为，也可以看到他们的动作，但他们在工作的时候会采取什么样的方法我们就不得而知了。

"思考难民"只会把目光聚焦在具象的有形世界里，而不会关注抽象的无形世界。他们的观点就是与其苦苦思考，不如先行动起来，与动脑子相比他们更喜欢动手。其实这样的人有很多，在不知道该怎么办的时候，他们就会动手把眼前能做的事情先做完，也不管结果会是什么。

但是，在生活中有很多重要的事都是抽象的，如行政管理、数据分析、市场调研、方案设计、商业价值等。最重要的是，很多工作都是我们无法用眼睛直接看到的。它们是真实存在的，却又看不见摸不着。其实，这也就是我们所说的无形的世界或抽象世界（见图4）。

- 管理
- 分析
- 调查
- 设计

- 价值
- 战略
- 计划
- 目标

- 项目
- 市场
- 服务
- 方法

无形的世界

**图 4 生活中的思考对象**

我们通常把脑力劳动者称为"白领"。我估计读者当中有很多人都是白领。白领的大部分工作都是需要用大脑去思考的，而他们所要思考的对象多数是无形的。换言之，处理无形事物的能力就是一个人的思考能力，但没有哪一本说明书可以直接告诉我们应该如何去思考，就更别指望在公司里习得这种能力了。

# 这是一个需要抽象思维的时代

## 1. 什么是技能

其实技能（Skill）和技术（Technique）是有区别的。我之前写过一本书，叫作《提高思考效率的 45 种方法》。在书的腰封上我写过一句话："别再读那些帮助你提高技术的书了。"有读者在亚马逊网站的评论区给我留言："你的这本书写的不也是如何提高技术的吗？"其实我写这句话的原因是我觉得大家对技能这个词是有误解的，我在那本书的前言中做了具体的解释。

在此，我再重复一遍，技术和技能是两个完全不同的概念。我想将技术和技能用一个关系式来表示："技术 + 应用能力 = 技能"。所谓应用能力，就是指在恰当的时候可以选用恰当的技术来处理问题的能力，或许我们可以将其理解为一种可以读懂周围环境的能力。只有同时具备技术和应用能力的时候，我们才可以称之为技能。顾名思义，技能就是一种可以正确运用某项技术的能力。

毫无疑问，我们的工作经常需要做一些思考，而思考的内容大多是无形的。如果要用一个英语单词来表述，那就是"Concept"，翻译过来就是"概念"。在英语词典中，概念就是指一些关于抽象事物的思考和定义。概念是抽象的、无形的，我们可以把处理这些无形事物的能力称作"概念技能"（见图5）。

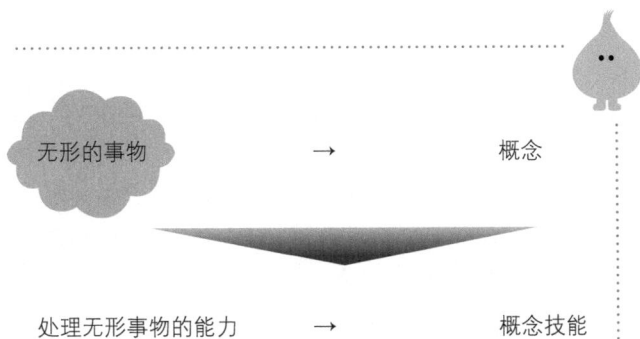

无形的事物　　　→　　　概念

处理无形事物的能力　　　→　　　概念技能

**图5　工作中的思考**

## 2. 什么是概念技能

在通常情况下，我们把概念技能定义为：对知识和信息进行系统化整合的能力，即通过对复杂事物的概念化处理，来获取事物本质的能力。由此，我们也可以称之为"概念化能力"。

说得通俗一点，就是把脑子里想的和心里所感受到的东西用语言表达出来。这样一来，那些无形的事物似乎就会变得有模有样了。当然，这也是一种感知无形世界的基本能力（见图6）。

- 把脑子里想的和心里所感受到的东西用语言表达出来
- 感知无形事物的能力

图6　概念技能

在这个定义中，我们始终强调感知力。头脑很聪明或者自身能力很强的人往往喜欢在讲话时做一些肢体动作，这可不是无意识的机械摆臂，而是可以将讨论内容延伸到空间的肢体语言。通过肢体语言我们可以表达出自己的讲话内容是从哪里开始的，也可以告诉大家自己讲的话正处于哪个阶段。所以，很多人在讲话时总是伴随着各种各样的动作，这是一种借用空间来表达无形事物的方法。我们可以通过三次元的位置关系来传达自己的意思。很显然，这些想法对于说话人本身来说是完全可见的。同时，对于已经掌握了这项技能的人来说，这些看不见、摸不着的概念也是完全可以被感知的。因此，这项技能就显得尤为重要了。

概念技能理论是由罗伯特·卡茨[1]提出的。他还提出了卡茨模型，即认为管理者必须具备技术技能、人际关系技能和概念技能。（见图 7 ）。

---

[1]  罗伯特·卡茨，美国著名的管理学学者。——译者注

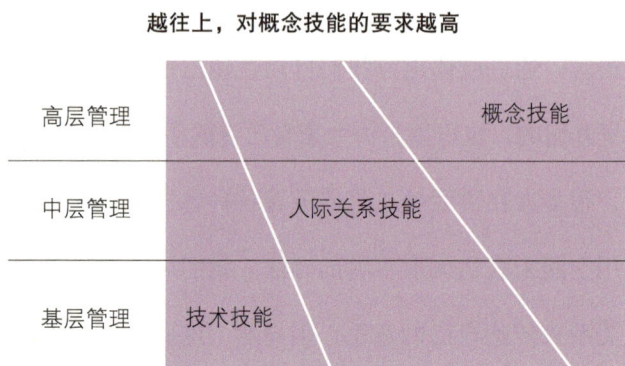

**越往上，对概念技能的要求越高**

| 高层管理 | | 概念技能 |
| --- | --- | --- |
| 中层管理 | 人际关系技能 | |
| 基层管理 | 技术技能 | |

图 7　卡茨模型

　　根据卡茨模型，我们可以把管理分为基层管理、中层管理和高层管理。与其他两个层级相比，在基层管理中，技术技能所占的比例大，而在高层管理中，处理无形事物的概念技能就显得尤为重要了，这也就是我们常说的战略或者企划。也就是说，在由基层管理向高层管理转变的过程中，技术技能所占的比例会逐渐缩小，而概念技能所占的比例则会逐渐增大。

## 3. 工作更需要概念技能

卡茨模型是在 20 世纪 50 年代提出的。从那个时代发展到今天，商业环境已经发生了巨大的变化。需要大量劳动力的具象的实体产业已经开始慢慢减少，产业全面的自动化更是大势所趋。也就是说，脑力劳动的工作比例正在逐渐升高，而那些只需要技术和手工操作的工作正在不断减少。

另外，我们还要面对职业生涯的长期化，也就是说，我们的工作年限正变得越来越长。即使国家规定了 60 岁的法定退休年龄，在 65 岁之前还是可以通过返聘来继续工作的。估计在不久的将来，法定退休年龄有可能会被推迟到 70 岁。随着人们平均寿命的延长，我们的工作时间也会相应地发生改变。

可是你要明白，年轻的时候我们还可以依靠强健的身体干一些体力劳动，但上了年纪以后这条路就行不通了。如果想维持稳定的生活水准，仅靠廉价的体力劳动是无法实现的。

因此，我们必须具备获取高额报酬的工作能力，并且保证这样的能力可以一直维持下去。到时候，我们就会意识到概念技能是万万不可缺少的了。

另外，我们的工作方式也在发生着改变。现代人正在和越来越多具有不同生活背景的人一起工作。"自由职业者"这个词现在很流行，不过并不是说，你在咖啡店里用笔记本电脑工作就意味着你是一名自由职业者。真正的自由职业者不属于任何一家公司，他们的工作方式是利用自己的强项和技能来组建一个团队，并且帮助他人解决问题。你不得不承认，正有越来越多的人开始采用这种新型的方式工作。

不知道大家有没有发现，你的公司所要负责的项目不仅需要公司内部员工的合作，更多的时候还需要其他公司帮忙，甚至主管会突然给你下达一项工作任务，让你和外国人进行接洽。我们不得不承认，这样的工作体验正在不断增多。每当遇到这种情况，最令人头疼的问题就是，每个人的知识储备和工作背景都不尽相同，导致双方交流起来就会有一些障碍。长时间以来，我也在不少公司工作过，我发现每家公司的企业文化和工作方式都是截然不同的，但是在这个由不同背景的人组成的团队里，我们必须用对方可以接受的语言来告诉他们自己想说什么、自己的观点又是什么，这是一件很有挑战的事情。

原来在公司里用"这个""那个"就可以表明意思，在这个时候就不会起作用了。我们必须通过标准的语言表达方式来向对方分享自己的观点。当和不同背景的人一起工作时，你脑子里想到的那些理所当然的事往往正是问题和误会产生的根源。

还有一点，我们的工作环境也从磋商型变成了项目型。这对于日本人来说是一个非常巨大的变化，有很多人都还没有做好充分的准备，因为他们还没有习惯去和一群背景完全不同的人一起工作。这种环境的变化有时会带来一些不必要的损失。有些人在熟悉的环境里可以很好地发挥出自己的特长，一旦周围的环境发生了变化，他们就会显得不知所措。只要发生这种情况，无论对个人还是对公司来说都将是一种损失。因此，如果想取得项目型工作的成功，最不可或缺的就是概念技能，并且我们还应该在短时间内快速提高概念技能在所有技能中的比例。

到目前为止，无论是做基层管理还是做高层管理，人际关系技能都保持着相对稳定的占比。但是我最近切实感受到在高层管理中，概念技能的重要程度要比人际关系技能高得多（见图8）。

其实，如果没有概念技能就不会存在人际关系技能。因为当你连自己的意见都无法完整表达的时候，自然也就无法建立任何人际关系了。实际上，概念技能就是通过语言把心中所想表达出来，以帮助我们把无形的事物转换为可以感受到的事物。这样一来，我们既可以把自己想说的话准确地传

**概念技能正变得越来越重要**

| | | |
|---|---|---|
| 高层管理 | | 概念技能 |
| 中层管理 | 人际关系技能 | |
| 基层管理 | 技术技能 | |

图 8　卡茨模型中的概念技能

达给对方，又可以更好地理解对方想说什么。同时，这还可以帮助我们一起找准讨论的主题和方向。举例来说，团队成员相互之间可以通过讨论来探究顾客的需求是什么，从而一起努力开发市场。

## 4. 跌入职业断崖的职场人

概念技能的重要性正在引起越来越多的人关注，甚至有些人会因为缺少概念技能而显得不那么称职。我们知道，公司里一般会有职员、组长、科长、部门经理、总经理等职位，可这些职位彼此间并不是无缝连接的，每一级之间都存在着一定的间隙。

比如，当一名普通职员升为组长的时候，虽然他获得了组长这个职位，但他不一定能够完全胜任这份工作。同样的道理，当组长升为科长的时候，甚至当科长升为部门经理的时候，他们都有可能无法立刻胜任当前的工作。这时，他们就好像跌入了断崖，并且还是在不知不觉中掉进去的。以前，最大的缝隙存在于组长和科长这两个级别之间。但是最近却发生了一些改变，最大的缝隙已经转移到了一般职员和组长之间。你是否会觉得很意外？其实有很多人在享受升职带来的喜悦时已经不知不觉地跌入断崖。

产生间隙的原因不是别的，正是我们一直在谈的概念技能的缺失。现在的组长职位要比以前更加需要概念技能。因为现在从组长开始，就要求我们具备设计、企划、制定方案等处理概念的能力。可能每家公司对岗位的定义都会有所不同，但很多公司都已经开始从最低的管理岗位起就要求员工具备概念技能了（见图 9 和图 10）。

大家听说过"彼得定律<sup>①</sup>"吗？将其核心内容用一句话概括就是：在一个组织中，每个员工都趋向上升到他所不能胜任的职位。比如，有人在做组长的时候工作能力非常出色，但一旦当上了科长，就显得一无是处。再比如，有人作为普通职员表现得十分优异，可当他担任领导后又会显得欠些火候。大家身边是否也有这样的案例呢？明明是因为自己的工作能力被大家认可而得到了提拔，可又因为自己不具备胜任更高职位的能力反而显得能力不足。这就是我们所说的"彼得定律"，当你还没有掌握概念技能的时候，"彼得定律"会

① 其大意为：每个组织都是由各种不同的职位、等级或阶层排列所组成的，每个人都隶属于其中的某个等级。在组织中，很多员工都会因为业绩出色而接受更高级别的挑战，他们会一直晋升，直到晋升到一个他们无法胜任的位置，他们的晋升过程便终止了。——译者注

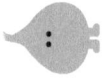

当职务发生变化后，岗位要求也会随之发生改变

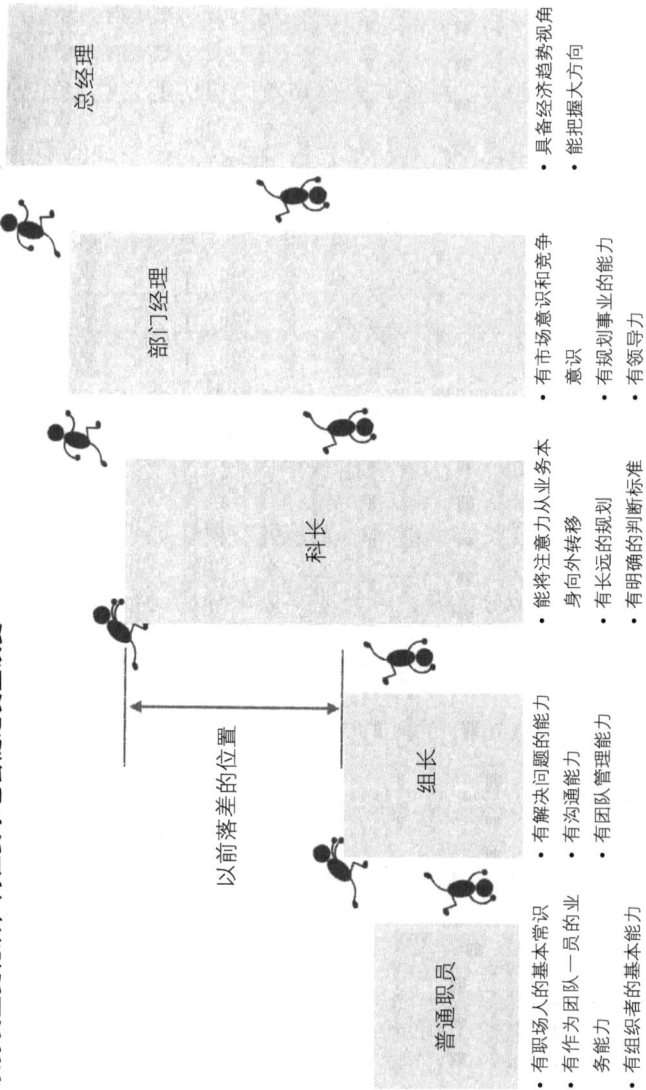

图9 职业断崖1

**总经理**
· 具备经济趋势视角
· 能把握重大方向

**部门经理**
· 有市场意识和竞争意识
· 有规划事业的能力
· 有领导力

**科长**
· 能将注意力从业务本身向外转移
· 有长远的规划
· 有明确的判断标准

**组长**
· 有解决问题的能力
· 有沟通能力
· 有团队管理能力

以前落差的位置

**普通职员**
· 有职场人的基本常识
· 有作为团队一员的业务能力
· 有组织者的基本能力

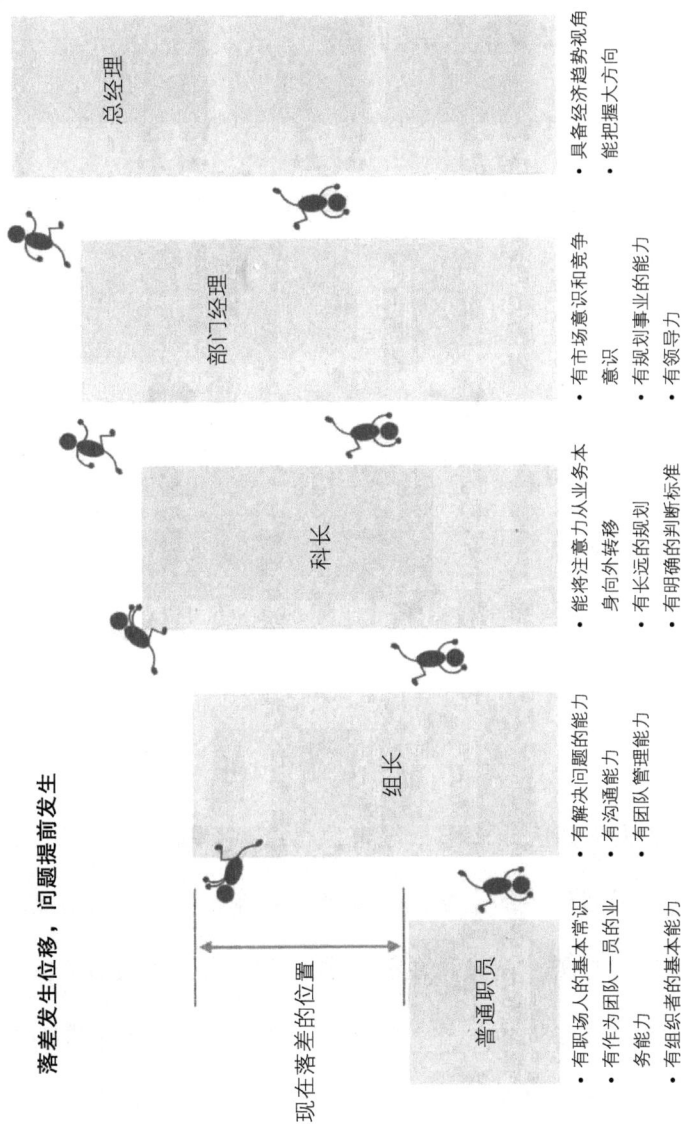

落差发生位移，问题提前发生

现在落差的位置

普通职员
- 有职场人的基本常识
- 有作为团队一员的业务能力
- 有组织者的基本能力

组长
- 有解决问题的能力
- 有沟通能力
- 有团队管理能力

科长
- 能将注意力从业务本身向外转移
- 有长远的规划
- 有明确的判断标准

部门经理
- 有市场意识和竞争意识
- 有规划事业的能力
- 有领导力

总经理
- 具备经济趋势视角
- 能把握大方向

图 10　职业断崖 2

在你的身上加速发生（见图 11）。

缺乏概念技能会导致"彼得定律"效果的加速发生

彼得定律第一条

在一个组织中，每个员工都趋向上升到他所不能胜任的职位

彼得定律第二条

每一个职位最终都将被一个不能胜任其工作的员工所占据

彼得定律第三条

层级组织的工作任务多半是由尚未达到此层级的员工完成的

图 11　彼得定律

我们知道有很多项目经理都是由组长级别的人来担任的，而项目经理的主要工作就是准确地向项目组内的成员下达工作任务。就像我在前文中所提到的，现在的项目有很多都需要不同背景的人协同合作才能完成。要想准确地向这些人下达任务，就必须同时具备将目标、理念等问题

综合起来进行分析的能力。也就是说，单单在组长这一层级里，就已经对概念技能提出了很高的要求。而现实情况却是有很多人刚走到这一步就掉进了"彼得定律"的断崖之中。

## 5. 不善于处理无形事物的日本人

在日本的制造业领域有很多较优秀的企业以及较为先进的技术；但日本制造业的总体竞争力却总差强人意，而且这种状况已经持续了很长一段时间。日本的优势是生产制造能力，但是生产的背后需要的却是强大的理论和不断更新的概念，而日本在这一方面则一直处于劣势。日本的制造能力很强是一件不争的事实，但日本的企业却没有将它们发挥到极致。

日本企业很多时候不知道怎样取得胜利、怎样制定战略、怎样安排计划、怎样推进项目，它们的最大特点就是生产力很强大，但创造性方面却显得较为落后。

我在给这些企业做业务咨询的时候就发现，在制造行业里负责管理生产的人在公司里比较有话语权，这是他们十分显著的一个特征。在公司里仿佛一切事情都是围绕着一线生产运转的。因此，那些负责软实力建设的工作人员并不会得到应有的待遇，在我的印象中，更多的时候他们是一种可有可无的存在。而最终能走上领导岗位的也基本上都是负责生产的那些人。这种情况在日本的制造行业里是十分普遍的。

虽然创造力在制造业领域显得越来越重要，但是到目前为止，大多数制造型企业仍然处于"生产高于一切"的阶段。由于大部分人还是更愿意去接受有形的、容易理解的事物，所以未来的路就显得尤为艰辛，而最终导致的后果就是企业的发展方向极其容易发生偏差。现在日本的很多公司都存在这个问题。

　　无论是在哪一个行业，几乎每一家公司都存在抽象思维能力不足的问题。当然，企业是不会教员工如何来掌握概念技能的，因为很多企业都不具备这样的能力。但是，大家对于掌握概念技能的需求是很强烈的，甚至有很多人已经被这个问题困扰了很久。我想正在读这本书的各位读者也一定或多或少存在这样的烦恼吧。

## 深层思考的三个必备要素

　　本书所介绍的深层思考的技能是概念技能的基础，如果不能熟练掌握就会给将来的学习带来很多不必要的麻烦。要想学会深层思考，就要有一个方向明确的思考过程、一项可靠的思考技能和一颗执着的心（见图 12）。

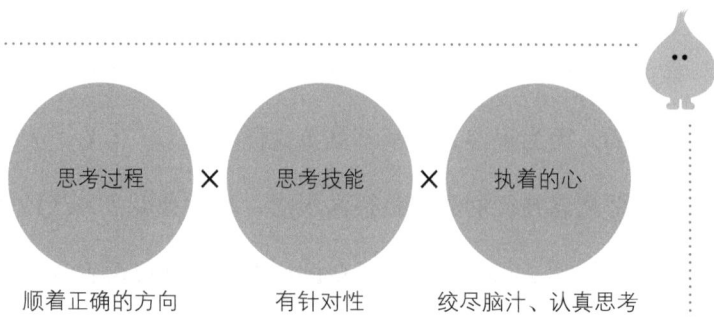

| 思考过程 | × | 思考技能 | × | 执着的心 |
| 顺着正确的方向 | | 有针对性 | | 绞尽脑汁、认真思考 |

图 12　深层思考的三个必备要素（缺一不可）

这里所说的"顺着正确的方向"指的是你要具有很强的目的性。在现代职场中，方向正确并不是说指出谁对谁错，或者谁善谁恶这么简单，而是你确定的前进方向对推动企业发展能否起到积极的作用。如果它确实起到了一定的作用，那么我们就认为你选择的方向是正确的。

在职场中，工作的本质是你绞尽脑汁地去解决一个又一个的问题。当你为你的客户处理好一个已经困扰他们很久的问题后，你就会从他们那里得到相应的报酬。比如，你也许会帮助客户解决组织内部的结构矛盾，以此来实现自身的价值。所以说，在为他人工作的时候，真正起作用的并不是价值观的对错，而是看你能否帮助对方解决问题。

我们要知道，问题的解决并不是一蹴而就的，因为这需要一个过程，而在不同的阶段中，我们所需要的思考方法也是有所区别的。因此，我们必须很清楚自己应该在什么时候做什么样的事。首先，我们要做的就是找到合适的思考方法，并且全身心地投入其中。但我想提醒大家注意的是，思考也是需要消耗体能的，有很多人从学校毕业走向工作岗位以后，最大的感受就是自己在思考方面的体能会显得有些跟不上。

我是做软件技术出身的，之前一直都是自己设计软件和编写程序，后来开始负责审查团队成员的设计和编程。我一般每天工作 8 小时到 10 小时，有时甚至能连续工作 16 小时。在工作时间里，我的大脑一直都在高速运转。最初我也很难适应这种高强度的工作方式，经常干着干着大脑就变得一片空白。如果公司领导来进行设计审查或者编程审查，或许我们还可以有一些喘息的时间；但如果是受客户委托进行程序开发，他们一来检查，我们就必须马不停蹄、不遗余力地工作，而且我们还不得不面对客户提出的各种尖锐问题。当你没有退路的时候你就只能硬着头皮上了，时间久了，大脑自然也就适应了。如果强行把你放到这样一种环境中，你的思考体能在得到锻炼的同时，你的内心也会变得更加强大。即便工作条件没有那么苛刻，你也应该想办法强迫自己做一些有助于提高思考体能的事。

当你审阅下属整理的文件和计划的时候，是否可以保证大脑一直处于活跃的思考状态呢？这种持续思考的能力和意志就是我们所说的"执着心"。而大脑短路、缺乏动力、意志薄弱等情况是很致命的。我们必须保持高度集中的状态来面对每一份资料。

# 深层思考的"守、破、离"境界

通常我们把"守、破、离"解释为："守"是指最初阶段须遵从老师的教诲，达到熟练的境界；"破"是指试着突破原有规范；"离"是指抛弃规矩，自创新招数，另辟新境界。"守、破、离"境界这一说法出现在日本的能乐和茶道里（见图13）。

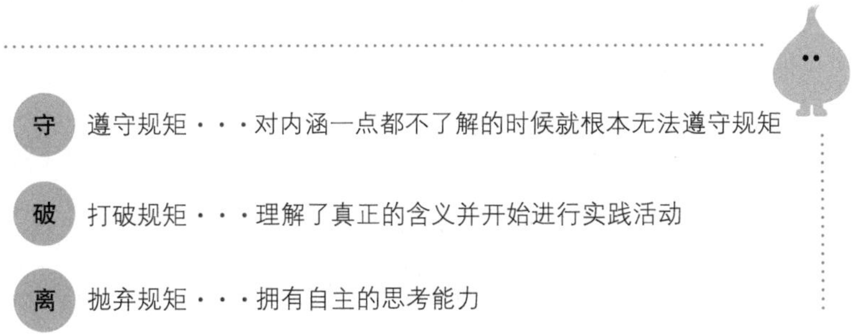

守　遵守规矩···对内涵一点都不了解的时候就根本无法遵守规矩

破　打破规矩···理解了真正的含义并开始进行实践活动

离　抛弃规矩···拥有自主的思考能力

图 13　深层思考中的"守、破、离"境界

深层的思考也有"守、破、离"三种境界，却有着不同的含义。"守"并不是单纯地照单全收。我们知道，任何规矩的存在都有它自己的道理，当你对它的内涵一点都不了解的

时候就根本无法遵守规矩。如果你只知其然而不知其所以然，是永远都不可能熟练掌握任何一项技能的。无论是柔道还是空手道，他们所表达的更多的是一种文化而不是表面上看起来的肢体接触。如果你只学了一招半式而不了解其更深层的内涵，就不能算是真正的有价值的学习。

一直以来，我也有习武的习惯，而且还考取了武术教师资格证。直到今天，每到过年我都会去拜见我的老师，并向他学习武术的精髓。我们常听别人说有一些不外传的独门秘诀，其实这些往往并不存在。知道秘诀的人与不知道秘诀的人，他们之间的区别就在于对武术这个概念的理解——高手只不过是在理解了武术的真正意义之后更加刻苦地训练罢了。

武术强调的绝不仅仅是单纯的技能。如果你武艺高强，自然会有人上门来向你请教切磋，但其实最重要的并不是技能而是分解动作，因为技能也是由各种分解动作组合而成的。当你已经对各个分解动作都十分熟练的时候，你的技能也会自然而然地变得很出众。如果你要问我技能和分解动作哪一个更重要，我的答案是分解动作，因为技能最终只不过是分解动作的一种组合形式。比如某一项技能由三个分解动作组合而成，但凡缺了其中任何一个，这项技能都没有办法得以实现。而当一个新手遇到这种情况时，他会立即变得不知所措。所以我们应该把每一个分解动作都熟记于心，其目的就是能够更加自由地组合各项分解动作。这样一来，今后无论要用到什么样的技能都不会难倒我们了。

我在这本书里给大家介绍的就是与学习分解动作相关的内容。但并不是指我们刚才提到的武术的分解动作，而是思考的分解动作。我的目的是让大家可以自由组合各种分解动作，并且能够学会在适当的时间用适当的方式选取适当的动作来实现自己的目标。因此我希望大家可以深刻领会有关思考的各个分解动作的含义。另外，要注意的是，在练习的时候千万不能马虎，而在理解了每一个分解动作的真正意义之后就可以进行实践操作了，我们把这个阶段称为"守"。

接下来是"破"。它处在这三种境界的中间，代表着理解了真正的含义并开始进行实践以后所到达的一个境界，而绝非表示破坏原有的规则。只要我们坚持不懈地努力，总有一天会到达这样的境界。所以说，这里的"破"不是破坏，而是一种拨开迷雾见天日的境界。其实"破"这个字除了有毁坏、损坏这样的含义之外，还有完成、坚持到底的意思。所以请大家注意，"破"可不是粗鲁地破坏现状，而是在基于实践的基础之上，让自己透过现象看本质。

最后一种境界是"离"。顾名思义，"离"就意味着离开。但这里的"离"不是指让思考能力离开我们，而是指我们可以拥有自主的思考能力，也就是我们在掌握了思考的各项分解动作之后可以自由地搭配组合，而不再局限于现有的组合方式。

因此，我希望大家能够明白，"守、破、离"代表的是一种深度思考的境界，它既不是破坏现有的状态，更不是放弃已知的经验。

## 学习思考技能的必要条件

当你阅读有关逻辑思维方面的书时，书里总是会强调框架结构的重要性。因为重要，所以作者会不断地反复说明，但结果往往却是很少有人能够熟练地掌握该如何运用框架结构。

请大家回想一下我们前文中所提到的"守"，其实框架结构就是技能，而且我刚才也说了，要想熟练使用技能就必须认识到分解动作的重要性。如果你不能把各个分解动作熟记于心，就无法使用技能。相信大家已经知道分解动作要比技能重要得多，而思考也是一样，我们必须认真学习思考的分解动作。其实在逻辑思维这类书中经常会很明确地写着在什么时候应该怎样思考。但往往都写得过于浅显，并不会就一个点展开深入说明。

有时候读者的态度也很重要。为了让自己能快点掌握思考技能，大家都喜欢简洁明了的框架结构形式，但往往收获甚微。各种思考技能是框架结构不可分割的组成部分，如果不能熟练掌握基本的思考技能，即使看懂了框架结构也会感觉无从下手。正因为如此，我们经常可以看到一些明明已经能够很透彻地把握框架结构的人却无法提高自己在工作上的业务技能，而且这种现象屡见不鲜。有很多人会去报名参加培训班或研讨会，并希望通过掌握更多的框架结构来提高自己的综合能力。但真实的情况却是，当你连一些基本的思考技能都还没有搞清楚的时候，框架结构里所概括的一切也就仅仅是纸上谈兵罢了。就好像你通过看书学会了一项高超的技能，可你却没有一个健康的身体和运用技能的基本能力，到最后恐怕也只能是一场空谈了。

此外，在学习技能的时候有一个非常关键的点需要我们注意，那就是"有意义的压力"。我们常说想要改变一个人是需要时间的，但仅仅依靠时间是无法改变一个人的。我觉得要想真正改变一个人就必须给他一定的压力才可以，压力越大改变也会越大。当然，如果是一些毫无实际意义的压力，就只会让我们感到疲倦而不会带来任何改变。

我高中时的体育老师是柔道部的顾问。他读大学的时候就是日本体育大学的柔道队长了。他认为日本选手往往只注重数量的练习，而外国选手则会认真关注每一个击打的动作，所以他们个个都很厉害。所谓认真关注每一个动作，就是说他们会时刻思考自己为什么要这么做。日本选手通常认为只要有足够的练习就可以了，但事实并非如此。我上高中的时候那个老师已经有50多岁了，但无论我怎么出招，他都可以做到纹丝不动。其实我从小就一直在练习武术，所以一开始我对自己是很有信心的，但他的出现让我意识到原来这个世界上还有这么厉害的人。

其实我想说的是，在了解了事物的本质以后再付诸实践是很关键的。

如果你读完这本书而不尝试着去验证我这里所讲的内容，那充其量也就是纸上谈兵。打个比方吧，驾驶技能的好坏在很大程度上取决于你拿到驾驶执照后的第一年里开了多少千米的行程。如果你一拿到驾照就在短时间内行驶 5 万千米以上，那么无论你之后有几年时间不开车，你都可以继续熟练驾驶。但如果你在拿到驾照后都不怎么碰车，而是花了好多年才积累了 5 万千米的行驶经验，你的驾驶技能是不会好到哪里去的。

同样的道理，倘若通过读书看到或者学到了一些经验和技巧却不尝试着去使用，那你读这本书的意义就不大了。我希望你现在就开始回顾一下自己曾负责过的文件、发出去的邮件、做出的评论，并且认真思考一下当时是不是在真实了解其背后含义的基础之上做出的判断。如果你能照我说的去做，那么你的知识就会逐渐转化为技能。其实所谓的知识仅仅存在于书本之中，而技能才是可以真正在生活中派上用场的。

# 02

## 解决问题的八个步骤
## 和五个思考层级

所谓深度思考就是按照正确的流程来选择可以达到目的的思考技能，并且激发深层次的思考。我们这里所说的深层次思考指的就是指通过抽丝剥茧的方式，一层一层地接近事物的本质（见图14），我把这种由浅入深、由表及里的思考方法称为"洋葱思考法"。

- 沿着正确的方向
- 选择有针对性的思考技能
- 进行深层次的思考

**图14　什么是深度思考**

## 解决问题的八个步骤

下面我们来看看解决问题的具体流程。流程的种类并不是单一的，如"设定问题 - 把握问题 - 制定目标 - 解决问题 - 综合评价"和改善流程的"六西格玛 DAMIC 理论"。这里的 DAMIC 分别指的是：界定（Define）、衡量（Measure）、分析（Analyze）、改进（Improve）、控制（Control）。还有大家熟悉的管理循环 PDCA 也是一种解决问题的流程，是指计划（Plan）、执行（Do）、检查（Check）以及处理（Action）。而我在研讨会上经常给大家介绍的是一个由"设定问题 - 了解现状 - 分析原因 - 制定解决方案 - 评价解决方案 - 计划和模拟实施 - 正式实施 - 反思"这八个步骤组成的解决问题的流程（见图 15）。它和 DMAIC 比起来就显得精细得多了，因为完成流程各个步骤所需要的思考技能是不一样的，所以我特意将它进行了细分。将步骤细分以后，我们可以清楚地知道下一个思考技能是什么，否则我们就不知道应该在哪里进行转换。

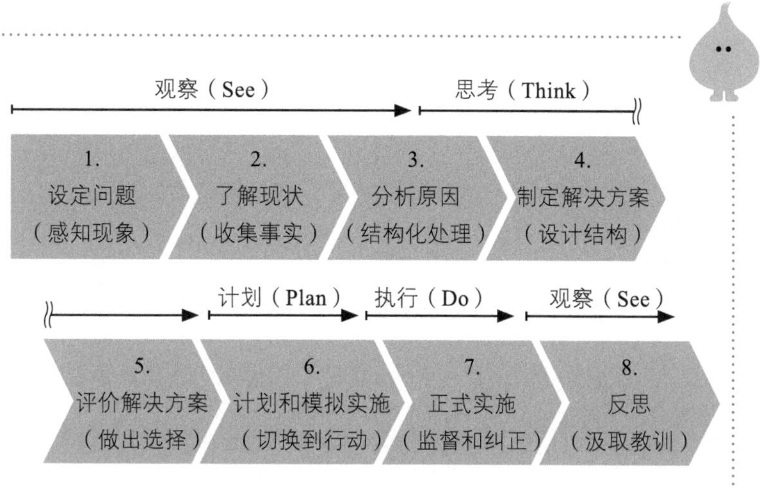

観察（See）　　　　　　　　　思考（Think）

| 1. 设定问题（感知现象） | 2. 了解现状（收集事实） | 3. 分析原因（结构化处理） | 4. 制定解决方案（设计结构） |
|---|---|---|---|

计划（Plan）　执行（Do）　观察（See）

| 5. 评价解决方案（做出选择） | 6. 计划和模拟实施（切换到行动） | 7. 正式实施（监督和纠正） | 8. 反思（汲取教训） |
|---|---|---|---|

**图 15　问题解决流程**

如果从头到尾都使用同一个思考技能，就会变成原地踏步了。同时，这样虽然还是在一直思考，却很容易迷失方向，很难给出一个有效的解决方案。

我经常在研讨会上与客户面对面地沟通如何解决问题，在这个过程中我发现很多人都被思考技能的转换给难住了。我在这里向大家介绍的问题解决流程并不是一个注重先后顺序的概念，而是更加注重内部的深度思考，希望大家不要轻易掉进思考的"陷阱"中去。

## 1. 设定问题

接下来我将为大家介绍每个步骤的具体内容。第一个步骤是"设定问题"，我在括号里写了"感知现象"。所谓"现象"就是我们用眼睛看到的第一印象，如"营业额下降""故障增多""方案遭到否定"等。

这里所说的"现象"只不过是一种一看就能明白的表象，而非问题的本质。其实很多时候真正的问题都被表象掩盖住了。如果我们把表象当作真正的问题，就很容易着手行动去解决这个并不是问题的问题。例如，发现故障增多就开始强化检查，认为有产生赤字的风险就让贸易伙伴提前订货等。但仔细想想你就会发现，这些问题的产生其实是另有原因的。

领导们最爱提的要求就是"提高业绩""提高工作量计算

精度""提高客户满意度"等,但其实这些也仅仅是表面文章罢了。只不过是"因为业绩下降了所以要提高业绩""因为计算精度降低了所以要提高精度""因为客户满意度下降了所以要提高满意度"而已。不进行具体的分析而只是一味地空喊口号是解决不了任何问题的。

在这个阶段,我们能看到的所有东西归根结底也只是一种"现象",而仅仅通过处理表面现象是没有办法解决实质问题的。问题的本质以及真正需要我们去解决的问题会在后续的流程中慢慢出现。

现象是我们的一种感知。就好像我们看到某些事物时会觉得奇怪,但一时又说不出来到底是为什么。我们的大脑中现有的意识可以帮助我们感知各种现象。当我们觉得某些事物很奇怪时,其实我们在潜意识中的标准已经告诉了我们这个事物应该是什么样的,之所以觉得它奇怪是因为将它与我们认为它该有的样子进行了比照。这种"该有的样子"或者"标准"越多,我们能感知到的现象也就越多(见图16)。

| 该有的样子<br>（标准） | | 现象 |
|---|---|---|
| 本季度的目标营业额是<br>20 亿日元<br>（标准目标） | ⟷ | 如果维持原状，最多只<br>能达到 17 亿日元 |
| 之前一个程序最多只会<br>出现 3 处问题<br>（标准成绩） | ⟷ | 现在每个程序要出现将<br>近 20 处问题 |
| 计划到今天要完成总<br>进度的 75%<br>（标准计划） | ⟷ | 实际完成率只有 40% |
| 竞争对手的人均营业额<br>达到了 1 亿日元<br>（标准指标） | ⟷ | 我们的人均营业额仅<br>为 5000 万日元 |
| 10 年后要成为行业第一<br>（标准理想） | ⟷ | 现在连前 10 名<br>都没有进入 |

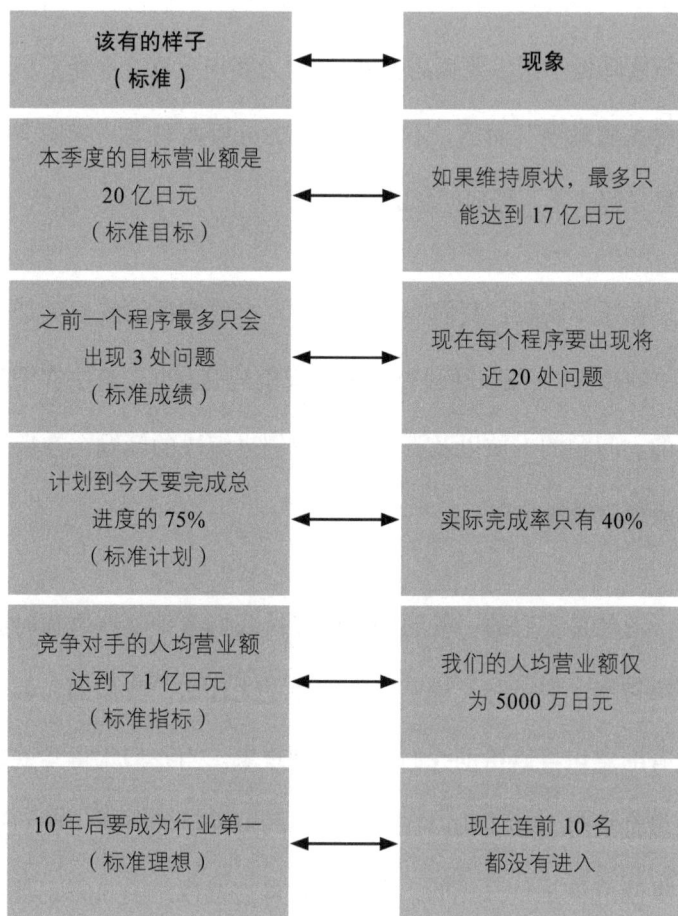

图 16　对现象的感知

每个人都会遇到各种各样在潜意识里无法理解的事情。其原因就在于我们平时在某些方面要比其他人考虑得更多，并且这种情况在经营者当中尤为多见。

## 2. 了解现状

当我们感知到某些现象时，会非常想知道这个现象的出现究竟有什么含义。虽然出现故障是无法避免的，但我们有必要知道"究竟是出了什么故障""是哪一个功能出现了故障""故障是在哪个环节产生的"。当营业额下降时，我们就想弄清楚"各个部门是怎么变化的""各种商品的结构是怎么变化的"以及"流失掉的是老客户还是新客户"等一系列问题。于是，我们就需要进行第二步的工作：了解现状。

有很多人都会忽略了解现状这个环节而更倾向于直接寻找对策。不把现状了解清楚就草草给出对策是一种缺乏思考力的行为，这样做可能会导致我们给出错误的对策、无效的对策甚至还有可能会起到反作用。

　　我们还可以把了解现状这一步理解为收集事实信息，也就是收集能解释现象的事实信息。现象就是我们所说的表象，但表象的背后其实隐藏了很多事实信息，如果我们像无头苍蝇一样漫无目的地到处收集信息，就会浪费很多时间。因此，我们应该先给出一个假设，然后在反复的验证过程中收集想要的事实。如果软件系统出现了故障，首先要做的就是进行调试来纠正错误。即使是同样的故障，如果这个纠错的工作是由不同的人来完成的，他们所要花费的时间也是完全不同的。纠错能力强的人往往也有很强的提出假设和验证假设的能力，他们绝不会直接到项目代码中去寻找错误。我们可以简单地把这个假设理解为：是什么原因导致这种现象出现的，也就是说在当时那个场景里最容易想到的原因就是所谓的假设。提出假设后，我们要做的就是去思考还有哪些原因会产生同样的现象，并对提出的假设进行逐一验证。我将这种行为比喻为与错误交朋友。先要仔细观察错误，然后和它们一起"玩耍"。而那些纠错能力比较差的人或者是花了很长时间也发现不了故障原因的人只会在第一时间想到检查项目代码，然后逐一检查和修改，最终将系统缺陷再次覆盖。他们原本是想清除故障的，可结果却为自己设置了更多的故障，这应该是最让人感到难过的事情了吧。

可以说了解现状是整个问题解决流程中非常重要的一个步骤。要收集可以解释某些现象的事实，就要求我们要快速地进行假设和验证，并不断重复。不善于概念技能和逻辑思考的人会对收集事实感到非常棘手。因为他们很多时候都没有意识到问题的本质是什么，所以会对眼前的事实视而不见。而结果就是只能根据自己的已有经验来提出建议，或者是仅仅看到事物的表象就草率地给出对策。

## 3. 分析原因

在收集能解释某些现象的事实信息的过程中，往往会发现一个现象是由多个有密切关系的事实引起的。出现故障也好，营业额下降也好，任何一个现象的发生都不是由某一个特定的事实造成的，而是由各个事实之间的复杂关系和相互作用引起的。我们把各个事实之间的关系称为"结构"。在"分析原因"这一步骤中，我们要做的就是把各个事实之间的关系进行结构化处理，而最终目的是完成现象结构的可视化。其实各个现象的背后都有其独有的结构，如果我们先要解决问题，就必须搞清楚结构的组成。因此，结构化处理是十分有必要的。

## 4. 制定解决方案

当了解了结构以后，下一步就需要考虑如何调整结构才能真正解决问题。要注意的是，我们不是要改善表象，而是要设计一个不会再发生问题的新结构。因此，制定解决方案的这一步也可以叫作"设计结构"。

要想解决问题就必须调整原有结构。当无论如何都无法对结构进行调整的时候，作为缓兵之计，可以先给出抑制表象的对策。但是请大家一定要记住，创造新的结构才是我们的真正目的。在制定解决方案的时候，会进行各种各样的研究，通常情况下，一开始就能想到的方案往往都会有一定的欠缺，因此一定要强迫自己多想几个方案。要知道从多个角度展开思考是非常有意义的。

## 5. 评价解决方案

在提出多个解决方案以后，下一步就是要对各个方案进行评价并选出一个最佳方案。人类是一种比较奇怪的物种，如果只有一个选项，我们就无法做出判断，但当有参照物的时候，我们才能比较出哪一个更好一些。因此，在多个方案中进行选择也是非常重要的。

## 6. 计划和模拟实施

当选好解决方案之后，我们就应该知道自己该做些什么了。第一步，就是要进行充分的计划工作。我相信很多人都想在确认方案之后立即实施行动，我也很理解大家迫切的心情。但是请一定要抑制住你的冲动，并且做好计划工作。解决方案指的是"做什么（what）"，而计划指的是"怎么做（how）"，也就是说要把"what"转换成"how"，即实际的行动。

举个例子，假如弄清了发生故障的原因，并且已经决定了哪些模块需要修正，这也就是"做什么"。那么是不是应该立刻改正错误呢？答案是否定的。在改正错误之前，必须制订完善的计划，这就是所谓的"怎么做"。这么一说好像真是挺麻烦的，因此大部分人会觉得既然都弄清楚了那就可以直接对错误进行修正，但是一个好的修正计划真的会帮助我们避免出现不少不必要的错误。

　　如果把范围扩大到改善业务流程或者是向市场投放新产品之类的任务上，我相信任何一个人都会事先做好详尽的计划。但绝对不能是为了计划而计划，必须对计划的目的和意图有充分的了解。其实也可以把计划工作当成一种模拟练习，因为对计划进行仔细的推敲研究是一件非常有意义的事。我们可以在推敲的过程中模拟一下自己该做什么，然后明确具体怎么做才能实现预设的目标。我们还可以在这一过程中积累新的经验，但在真正开始实施的时候还是会觉得与当初的模拟练习是有一定差距的。如果你能意识到这种偏差，那你所做的前期工作就是有意义的。

　　所谓偏差，就是没有按照你的原计划将任务进行到底。这个时候我们能做的要么是改变对策以实现原有的计划，要么是对计划做出调整。如果不能清楚地认识到偏差的存在，就无法进行修正。我想大家应该弄清楚计划的真正含义了吧。计划就是提供一套标准，因为有了这套标准，才能够快速地检测到模拟中所存在的偏差。

## 7. 正式实施

做完计划后紧接着需要做的就是采取实际行动了。但需要注意的是，所要采取的行动绝不是毫无计划地蛮干，我们在严格按照流程行事的基础上还要时刻清醒地知道自己在做什么。也就是说，在实施计划的时候还需要进行监督和纠正的工作。提到监督总会让人产生一种很紧张的感觉，实际上主要是使用监控设备，做到 24 小时的不间断监视，这样才有可能在第一时间注意到偏差的产生。

## 8. 反思

最后是反思阶段。我们需要在完成任务以后反思运作的流程以及实施了解决方案后的最终结果。这里所说的结果更多时候指的是"效果""副作用"或"稳定性"。无论做什么事都会存在一个反作用的问题。如果这个反作用是积极的，那么就把它称为"效果"；如果是消极的，那就把它称为"副作用"。在实施了解决方案以后，就应去评价一下该方案的实施效果如何。如果没有达到预期效果，就需要考虑一下究竟该怎么做才能让结果变得更好。有时候即使我们获得了一些成就，但这当中肯定还是会存在一些问题的，大概这就是所谓的副作用吧。只有把这些副作用所带来的影响也都妥善处理了，才可以说是真正地把问题给解决了。

如果在解决了问题之后就立刻转身离开，那么我们的工作基本上就没有什么意义了。因此，我们很有必要知道方案的落实程度。在制定的解决方案中，有一部分是专门用来帮助加快方案的落实的，也有一部分方案会在进行的过程中，伴随着最终成果的出现而得到落实。

在图 15 的流程中写着"See-Think-Plan-Do"，这是"STPD"管理循环的重要组成部分（见图 17）。通常情况下，比较常用的是"PDCA"管理循环。"PDCA"包括"了解现状""发现问题""分析问题"等，但也难免会让人觉得太过宽泛。其实在解决问题的过程中最重要的一个环节就是

"See"，也就是要认真地看清楚事实。"STPD"循环也阐释了"看"的重要性。

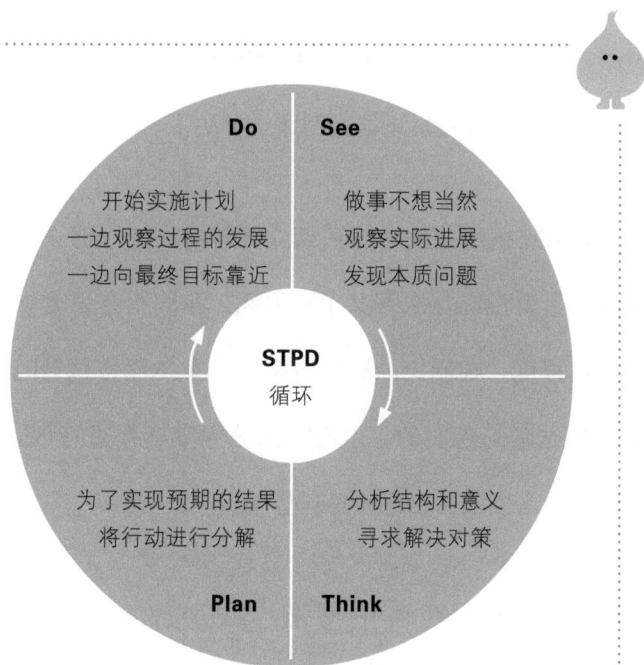

图 17　STPD 循环

# 五个思考层级

我们已经大致清楚了解决问题的流程。就像前文中所介绍的那样，将整个流程分为八个步骤是因为每个步骤所需要的思考方式都不相同，而且各个步骤的目的和要求的思考技能也有所差异，所以我将整个深层思考过程中所需要的思考技能整理为以下五个方面：

- 正确阐述概念；

- 建立逻辑关系；

- 优化思维结构；

- 探寻本质规律；

- 提高抽象思维能力。

只要你学会了五个思考层级所对应的五种基本技能，那么解决一些基本的问题就完全不在话下了（见图 18）。

```
                          ┌─────────┐
                          │ 思      │
                          │ 考      │
                          │ 技      │
                          │ 能      │
                          └────┬────┘
        ┌────────────┬─────────┼─────────┬────────────┐
   ┌────┴───┐  ┌─────┴──┐  ┌───┴────┐  ┌─┴──────┐  ┌──┴─────┐
   │ ①      │  │ ②      │  │ ③      │  │ ④      │  │ ⑤      │
   │ 正      │  │ 建      │  │ 优      │  │ 探      │  │ 提      │
   │ 确      │  │ 立      │  │ 化      │  │ 寻      │  │ 高      │
   │ 阐      │  │ 逻      │  │ 思      │  │ 本      │  │ 抽      │
   │ 述      │  │ 辑      │  │ 维      │  │ 质      │  │ 象      │
   │ 概      │  │ 关      │  │ 结      │  │ 规      │  │ 思      │
   │ 念      │  │ 系      │  │ 构      │  │ 律      │  │ 维      │
   │        │  │        │  │        │  │        │  │ 能      │
   │        │  │        │  │        │  │        │  │ 力      │
   └────────┘  └────────┘  └────────┘  └────────┘  └────────┘
```

- 将模棱两可的想法进行语言化处理
- 构建思考的基石

- 把握事物之间的距离感
- 认清两件事之间的关系

- 对事物的发展进行可视化处理
- 搭建联系

- 发现新的切入点
- 找出相同点

- 通过抽象化来提高自由度
- 理解对方的要求

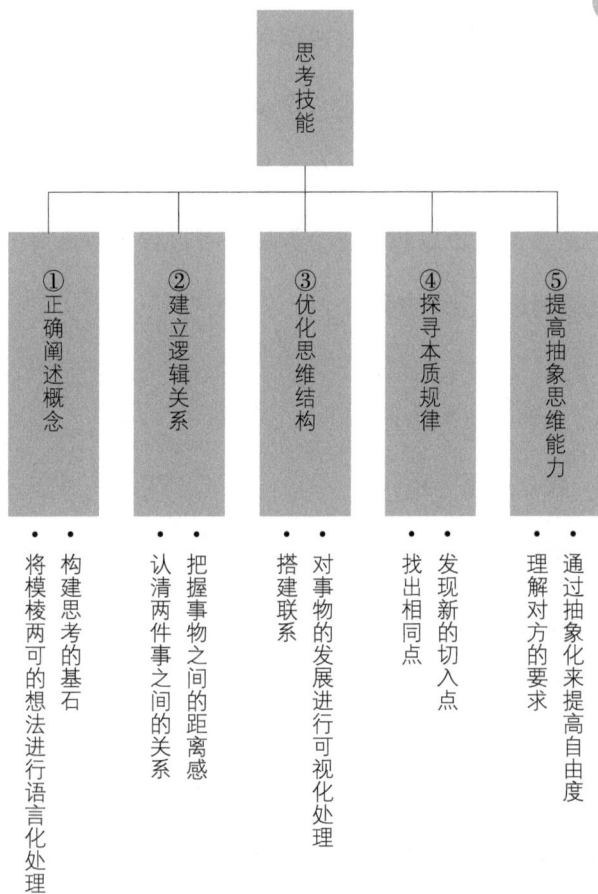

图 18　五种思考技能

第一种，正确阐述概念，即将无意识转换成语言的能力。它是指我们应该将脑子里模棱两可的想法概念化、语言化。我们经常会有这样一种感受，明明脑子在思考，也有一肚子话想要说，可就是没办法用语言表达出来。其实严格来说，这种状态并不能被称作思考，因为思考和语言应该是同时成立的。当我们无法将思考的内容用语言进行表达的时候，我们的思考也将无法继续深入。因此，可以说语言能力是思考的基石。换句话说，思考的基本能力就是将模棱两可的想法用语言进行表述的能力。

第二种，建立逻辑关系，即建立关系的能力。它是指能认清两个事物之间的关系，或者能把握事物之间的距离感。

第三种，优化思维结构，即结构化的能力。主要指的是将不同的事物进行关联，然后将它们的关系进行可视化处理。

第四种，探寻本质规律，即发现本质的能力。这里的本质是指不可或缺的那一部分。举个例子，如果汽车缺了轮胎和发动机，那么它就不能被叫作汽车。可能废弃站里会有不带轮胎的汽车，但它已经失去了汽车最基本的功能。因此，有轮胎和发动机是汽车最本质的属性。但是，如果没有保险杠和后排座椅，我们还是会把它看作一台修修就可以开的汽车。那么，保险杠和后排座椅就不是汽车的本质属性。类似于这样的识别能力就是发现本质的能力。

第五种，提高抽象思维能力。这是一种基本能力，即分析抽象事物的能力。它指的是不断地将事物进行抽象化与具体化的转换，从而更好地理解对方的要求。这样一来，还可以提高解决问题的灵活度和自由度。

图 19 列出了解决问题的流程，并且还将流程中各个步骤中会使用到的方法和思考技能进行了图形化处理。主要包括时间轴分析法、鱼骨图分析法、亲和图分析法等一系列解决问题的方法。需要注意的是，并不是说将这些方法按顺序使用就可以万事大吉了，要想熟练地使用这些方法，就必须选择合适的思考技能。

| | | |
|---|---|---|
| 设定问题 | - 意识到问题的产生<br>- 能用眼睛直接观察到的多数是现象而不是真正的问题 | - 将无意识转换成语言的能力<br>- 分析抽象事物的能力 |
| 了解现状 | - 收集能说明现象的事实，引出问题<br>- 时间轴分析法等 | - 将无意识转换成语言的能力<br>- 建立关系的能力 |
| 分析原因 | - 整理事实，将结构进行可视化处理<br>- 鱼骨图分析法，亲和图分析法等 | - 结构化的能力 |
| 制定解决方案 | - 分析结构，避免问题的发生<br>- 建立一个即使中途出现问题也照样可以得到解决的结构 | - 结构化的能力 |
| 评价解决方案 | - 在多个解决方案中进行选择，提出最佳方案<br>- 决策树分析法，差距分析法等 | - 结构化的能力 |
| 计划和模拟实施 | - 设计流程，把问题具体化<br>- 流程图法，WBS，PERT | - 结构化的能力<br>- 分析抽象事物的能力 |
| 正式实施 | - 将计划与实际操作进行比对，发现问题后及时纠正<br>- 流程图法，WBS，PERT | - 建立关系的能力<br>- 结构化的能力 |
| 反思 | - 汲取教训，并反馈到流程中去<br>- KPT分析法，亲和图分析法等 | - 将无意识转换成语言的能力<br>- 发现本质的能力 |

图 19　各个流程中思考技能的选择

## 思考陷阱

我们之前说过，所谓深层思考就是按照正确的流程来选择使用能实现自己目标的思考技能进行思考，并且要坚持到底。在进行思考的过程中，经常会出现一些防不胜防的误区或陷阱，这就是思考的"敌人"。其中，我们最需要注意的就是千万不能盲目自信、固执己见，另外，不能把听到的所有信息都照单全收，更不能脱离一般规律。当然，我们没有必要投机取巧走捷径，也没有必要把胜负看得太过于重要（见图20）。

所谓盲目自信就是过分地相信自己以往的经验。很多人往往会在没认清事实的情况下就草率做出决定。例如，每当营业额出现下滑的时候就认为是营销方面做得不够好，当出现故障的时候就很自然地想到是质量意识不够强所导致的。因为以前也出现过这个问题，所以这次肯定还是同样的原因导致的，每次都是这样很武断地给出结论。一旦出现这种盲

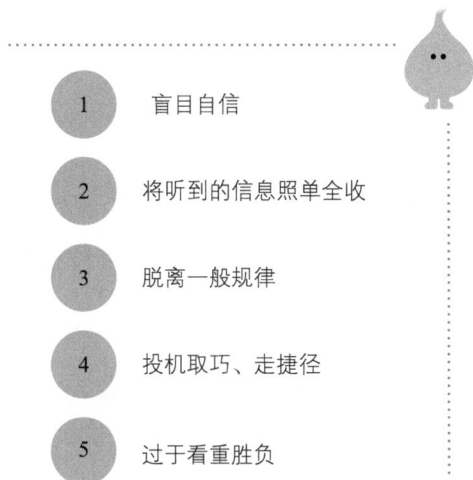

| | |
|---|---|
| 1 | 盲目自信 |
| 2 | 将听到的信息照单全收 |
| 3 | 脱离一般规律 |
| 4 | 投机取巧、走捷径 |
| 5 | 过于看重胜负 |

图 20 思考的"敌人"

目自信的情况，人们甚至都意识不到自己并没有进行任何思考就已经给出了答案。这是非常危险的，需要我们特别注意和提防。

另外，不可以不加任何思考和判断就相信传闻。当别人问为什么要这么做的时候，有些人会直接回答是听某某说的。"听某某说"也就意味着自己并没有进行任何的思考，而只是将接收到的信息囫囵吞枣、照单全收。我们经常会听到这样的话："某某领导说""某某老师说"但无论多么伟大的人，他们所说的话都不能成为我们判断问题的根据。就好像这本书一样，我肯定会觉得自己写在里面的东西都是百分之百正确的，但事实上这里肯定也会存在一些被我忽略的错误。为了不盲目自信，更不人云亦云，我们最好具备批判性思维，要经常问自己真的是这样吗？他说的那些我都亲眼见过吗？

我们在讨论问题时还容易脱离现实。例如，在开会时总有人做一些类似于时事评论家式的发言。我们经常会听到"在通常情况下，这个时候应该这么做""上次是这么处理的""平时我们是这样做的""按常理应该这样"之类的意见，而在变幻莫测的现实生活中，是不需要这么多"常理"的。更多时候是要解决眼前发生的实际问题，而一般它们是不具有共通性的。因此，当我们在分析事件发生的原因时，类似于"在通常情况下是由这种原因造成的"这样的讨论是没有任何意义的，因为我们只想知道究竟是什么原因导致了当前问题的发生。讨论一旦脱离了现实，那它的意义就不是很大了，职场上是不需要那么多"理论家"的。

有些人为了快速给出结论，喜欢进行跳跃式的思考。其实，在我们进行思考的时候需要一步一个脚印地稳扎稳打。在通常情况下，在分析问题的产生原因时会采用"5why"分析法。简单来说，这种方法就是对产生问题的原因进行不断地深层次挖掘。将各个事实进行串联是非常重要的，所以我们在分析问题时最好不要跳过任何一层。

当对方的观点与自己的观点发生冲突时，我们就会不自觉地进入一种对战的模式，结果往往就偏离主题而变成了一场两个人的争论。我们的目的应该是要讨论该如何解决问题，以及怎么做才能更加高效，而不是去争论谁对谁错。其实在商业探讨中，无论是采用 A 的意见还是采用 B 的意见，只要能把问题解决掉，目标就达成了。这个过程中不应该存在任何胜负的概念，但现实却是由于对对方有偏见，或者部门之间有利益冲突，大家会有意无意地互相较劲。

　　在职场上比的是谁更容易获得客户的支持，以及谁能为客户提供更多的价值。如果过分强调内部运营的是非对错，就很难在残酷的市场竞争中取得胜利。也就是说，我们一定要搞清楚自己工作的目的到底是什么。在讨论过程中，最重要的工作就是去判断哪一个对策是最为高效的。同时，还应该排除争强好胜的心理。简单来说，就是保持中立。当一个人在进行思考时，最难得的就是让自己保持中立。我们要让自己能够时刻清醒地知道自己的思考过程正处于哪一个环节。

# 03

# 第 1 层思考：看表象

## 必备思考技能 1：正确阐释概念

到目前为止，我讲了很多概念。估计会有读者觉得还是有点摸不着头脑。接下来，我要具体阐述到底该如何更加有效地思考。

在五个思考技能中，排第一位的是"将无意识转换成语言的能力"，在第一层思考"看表象"的过程中我们能用到这一技能。首先，问大家一个问题，大家是如何定义"管理""分析""调查""设计""价值""战略""计划""目标""工程""市场""服务""方案"这些词的（见图21）？

- 管理　　・价值　　・工程
- 分析　　・战略　　・市场
- 调查　　・计划　　・服务
- 设计　　・目标　　・方案

图 21　能说出这些词的含义吗

　　这些全部都是无形的概念性词语。稍后我将为大家介绍一下我在做咨询工作的时候经常会用到的流程图法。一般我在设计业务流程和开发流程以及在进行方案规划的时候会用到它们。我将整个流程中的"输入 - 处理 - 输出"三个要素进行了可视化处理。大部分人会把这个过程称为"分析""调查"或"整理"，但是当别人问你什么是分析、什么是调查、什么是整理的时候，有很多人是答不上来的。有时候别人会问你什么是项目管理，大部分人依然还是一脸的茫然。如果连这样的问题都答不上来，是不是会显得很尴尬呢？如果连自己在干什么都搞不明白，就等于说我们每天都在做一些没有任何意义的事。

大家认为以上所说的这种现象究竟是什么原因造成的呢？其实问题就在于我们经常会无意识地使用一些词语，也就是说我们只是习惯性地使用这些词语，却根本没有理解它的真正含义。其结果就是，当别人问我们什么是战略的时候，我们只能很尴尬地说战略就是战略的意思；当问我们什么是分析的时候，我们也只能告诉对方分析就是分析的意思。

其实，在这里所说的无意识指的就是没有经过大脑思考。当人们习惯于使用那些连自己都还没有真正理解的词语时，就意味着大脑基本上是停止思考的。别人问管理是什么，如果我们可以不假思索地告诉对方自己的观点和看法，那就证明我们是有思考和见解的。各位读者平时在聊天和谈话时会不会也使用一些连自己都无法解释清楚的词语呢？例如，在商务场合经常会听到"构建一个新的商业模式""制定新的战略""为消费者提供价值"等言论。实际上，这些空洞的词语是需要特别注意的。

## 给价值下定义

如果有一天，我突然问你价值的定义是什么，我相信很多人都无法做出回答。即使有一部分人可以做一些简单的说明，但回答的具体内容也是千差万别的。基本上可以断定，一个标准答案也不会有，因为每个人都会有自己的见解。

只有在我们清楚地知道自己为什么要使用这个词语，或者知道这个词语的真正含义时，它们才可以成为我们思考的基础。如果在讨论的过程中使用的都是一些意思含混的词语，那么这场讨论是不会有任何实质性进展的。因此，在这个时候我们必须弄清楚这个词究竟指的是什么。

在前文中我简要阐述了"Value Engineering"的内容。这个英文词组翻译为价值工程，其中，"Value"就是价值。价值工程中价值的含义是很明确的，我们把它用公式表达为：价值（Value）＝功能（Function）/ 成本（Cost），也就是说价值就是功能与成本之比。我们把这个式子叫作"价值公式"（见图22）。

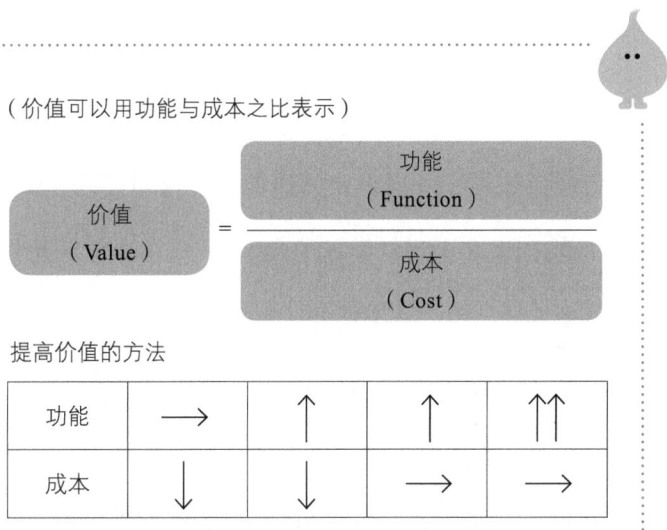

（价值可以用功能与成本之比表示）

$$价值（Value）= \frac{功能（Function）}{成本（Cost）}$$

提高价值的方法

| 功能 | → | ↑ | ↑ | ↑↑ |
|---|---|---|---|---|
| 成本 | ↓ | ↓ | → | → |

**图22 价值公式**

比如，很多人在打电话的时候都有做笔记的习惯，一时手头没有笔就会很自然地跟身边的同事说声："圆珠笔借我用下。"如果这时你的同事给你递过来的是一支水性笔的话，你会有什么样的反应呢？难不成你会因为这是水性笔而不是圆珠笔就随手扔掉吗？我想没有人会这么做的，因为在这个时候无论是圆珠笔还是水性笔，它们的功能都是一样的，都是可以书写的工具。

将英文里的"Function"这个词翻译过来是"功能"，有时这个词会被用在一些否定的语境中。比如我们有时会说："手机的功能太多会增加操作的难度""日本的生产者总以为功能越多越好"等。其实就好比电视机的遥控器，它上面的功能按键五花八门，但在日常生活中能用得上的就只有那么几个。但是，在价值工程的概念里，对于功能这个词的理解更加接近于它的实际含义。因此，在这里不用"功能"这两个字，而以英文的"Function"为中心展开介绍。我们把为了实现功能而牺牲掉的资源称为成本。因为价值为功能比上成本，所以在功能相同的情况下，成本越小价值越大。也就是说，要实现高价值就要尽可能地扩大功能、缩小成本，在价值工程里同样也是这样定义的。

在一般情况下，圆珠笔和水性笔的功能没有本质的不同，但如果是高级圆珠笔的话，它的功能是会有一点变化的。例如，高级圆珠笔不仅有做记录的功能，同时它还具有彰显地位的功能。因此，当功能发生变化时成本也同样会有变化。

价值工程里的"价值"并不是在字面上简单地指美好的事物或者是令人愉快的事物，而是指相对于牺牲掉的成本究竟实现了什么样的功能。因此，想要收获更高的价值，就要降低成本、提高功能，或者在成本提高的同时实现更多的功能。我们之所以可以这么清楚地知道如何提高价值，得益于我们给价值做了一个很明确的定义。而当我们使用一些连定义都还搞不清的词语时，就会容易迷失思考的方向，甚至无法对问题进行深入的讨论。

# 给概括性词语下定义

## 1. 避免使用宽泛的词语

如果我们使用一些连自己都弄不清含义的词语，就会导致无法进行正确的思考。因此，将无意识转换成语言的能力是必不可少的。像价值、战略、商业模式就属于很大的宽泛的词；大数据、信息属于流行语；而管理、分析、调查等这样的词则属于概括性词语（见图23）。

- 很宽泛的词语
  （价值、战略、商业模式等）
- 流行语
  （大数据、信息等）
- 概括性词语
  （管理、分析、调查等）

**图 23　值得注意的词语**

　　这部分内容非常重要，所以我想在此为大家做进一步的说明。我们在使用每一个词语之前必须先搞清楚它的定义是什么。就像"战略"这个词，我对它的理解就是取得胜利，或者说取得最终胜利的方法。例如，在拳击比赛中，教练会让选手尽可能地多出拳，或者要比对方有更高的击中率。大家认为这是战略吗？显然不是。战斗的过程有三个层级，它们是"战略 - 作战 - 战术"。其中，战略是夺取胜利的方案或可以理解为脚本，作战是实现战略的一系列行动，而战术是在实际战斗中的作战方法。那么，在拳击中尽可能地多出拳是属于哪一个层级呢？很显然，这应该属于战术的范畴，而总结对方的行为特征则属于战略层级。例如，透彻地研究对方的持久力如何、是擅长出拳还是擅长贴身战、需要注意的动作是什么，在此基础上思考自己该如何应对才有可能夺取胜利。这就是战略。一旦制定好了战略，我们就可以开始进行有针对性的练习了。例如，练习如何躲闪对方的出拳，以及如何针对对方的弱点进行还击等，而对这一系列的练习就属于作战层级了。

总的来说，没有任何计划的蛮干是不能被称为战略的。虽然取得最终的胜利并不是一件很容易的事，但我们也不能听天由命。战略就是尽可能地创造出取得最终胜利的机会。

在谈到经营战略时会有很多人用 3C 的理论来进行分析，所谓 3C 就是公司（Company）、竞争对手（Competitor）和顾客（Customer）。但实际上，数据分析和制定战略是完全不同的概念。分析就是将事实搞清楚之后，确保自己能够获得成功，而战略并不只是简简单单地进行一下规划，它要求我们必须知道具体该怎么做才能获得成功。

商业模式也是一样的。最近出现了很多新的商业模式理论，如果用一些关键词来进行总结，大概就是"谁""什么""怎样销售""如何获利"。按照这样的定义进行深入分析，我们所说的商业模式就可以归纳为"用什么样的方法将什么样的商品销售给什么样的人"。如果连商业模式的概念都搞不清楚，我们就没有办法进行深层次的讨论了（见图 24）。

| 战略 | • 获胜的方案<br>• 取得胜利的方法 |
| --- | --- |
| 分析 | • 弄清楚事实 |
| 商业模式 | • 用什么样的方法将什么样的商品销售给什么样的人 |
| 工程 | • 应对没有做过的事情<br>• 为了实现战略而采取具体的应对方法 |

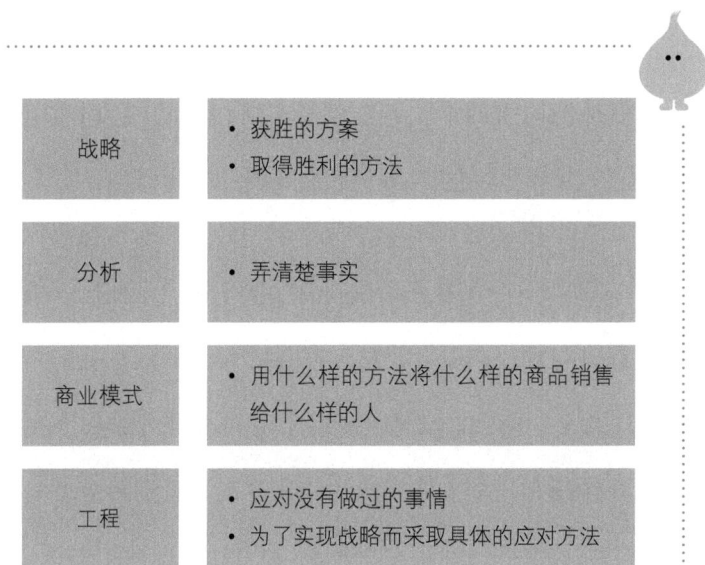

图 24　将无意识转换成语言

我们经常把"公司没有自己的战略""公司需要建立新的商业模式"等话挂在嘴边，其实这是一种值得注意的行为。这种对概念模模糊糊的状态是很可怕的，它会让我们在不知不觉中丧失主动思考的能力。

## 2. 如何给概括性词语下定义

概括性词语的最大特征就是它所包含的内容非常丰富。"管理""分析""调查"等词就属于概括性词语。

"管理"这个词在我们的日常生活中被广泛使用。很多公司里都设有管理岗位。我估计在我的读者里也有不少人是做管理工作的。那么,管理工作究竟是要做些什么呢?真要问起来好像没有几个人能给出完整的答案。假设我通过并购的方式买了一家公司,肯定会给我安排管理岗位的工作。通常管理岗位的工资都很高,但是往往有很多人都弄不清楚他们每天究竟在做些什么。

在进行工程规划时,使用概括性词语也是一件令人非常头疼的事情。原因就在于有很多工作是没有办法进行数字化统计的。例如,我们无法以工时来衡量"分析""调查""设计"等工作,就连具体在做什么都还没搞清楚就别提计算工作量的事了。实际上,如果不知道具体该做什么就没办法去衡量做得好还是不好，如果你觉得 10 个人在一个月内肯定能将工作完成，那么就说明你其实并没有经过任何思考。

用概括性词语来表述的工作很难准确地计算工作量。当我们弄清楚之前的工程中做了哪些工作、上次做了哪些调查、都做过哪些分析时，就可以知道这次的工程该如何进行。同时还能将自己做过的工作理清楚。但通常情况下，我们不会刻意去记自己都做过些什么。我做过有关业务开发、流程改善和工程重组的咨询工作。流程改善的过程主要分为"厘清功能""定义现行流程""差距分析""设计替代流程"四个步骤（见图 25）。

在研讨会等场合中，经常会问大家这样的问题："当与客户讨论时，我们一般都会按照既定的流程来推进工作，那么在这整个流程中最难操作的是哪一步呢？"结果大家普遍认为第四步"设计替代流程"是最难的。但我却不这么认为，我觉得"定义现行流程"是最劳心费力的一个步骤。

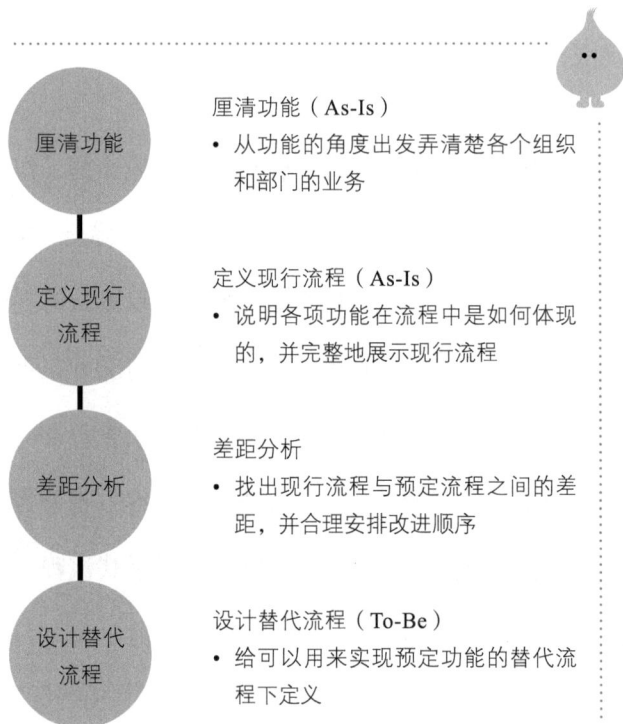

厘清功能（As-Is）
- 从功能的角度出发弄清楚各个组织和部门的业务

定义现行流程（As-Is）
- 说明各项功能在流程中是如何体现的，并完整地展示现行流程

差距分析
- 找出现行流程与预定流程之间的差距，并合理安排改进顺序

设计替代流程（To-Be）
- 给可以用来实现预定功能的替代流程下定义

**图25 改善流程的过程**

　　大家是不是觉得很不可思议呢？再回头看看上图，其实第二步就是要求我们用图形或者文字的形式来描述自己手头正在做的事情。然而，现实却没有我们想得那么简单，如果

有人突然让你用笔写下你正在做的事情，你的反应会是什么呢？我估计大部分人会觉得用语言描述都费劲就更别提用文字来表达了。与之相反，进行第四步"设计替代流程"，也就是"该做什么（To-Be）"并不是一件很难的事情。举个例子，我们经常会说"这样做的话会比较好""要不那样再试试""这么改的话会更好"之类的话。可要是让我们跟别人讲自己正在干些什么，估计有很多人都会"词穷"吧。常常有人请我去协助他们进行工程管理，当我让他们先告诉我现在的进展如何时，基本上所有的工程项目经理都哑口无言。

## 将无意识转换成语言的训练

我们所说的无意识就是我们不知道自己在做些什么，也不知道自己想要什么样的结果，只是一味地无意识地工作、无意识地劳动、无意识地做工程。如果一直这样下去，显然不会有什么好结果。要想让自己能够进行深刻思考，我们就必须给大脑中那些无意识下个定义，只有在这个基础上我们才有可能进行更加专业化的思考。

将无意识转换成语言的方法有很多种。第一种方法就是通过举例的方法来帮助自己认识思考的过程。比如说我们想给"计划"这个词下个定义，这时我们只要回忆一下平常自己在进行计划工作的时候都会做哪些事情，也就是说我们只要能用语言来表达自己正在做什么就可以了（见图26）。

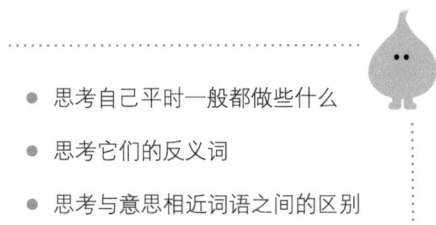

- 思考自己平时一般都做些什么
- 思考它们的反义词
- 思考与意思相近词语之间的区别

图26　将无意识转换成语言的训练

第二种方法是去想反义词，也就是多去思考事物的对立面是什么。例如，"男对女""生对死""善对恶"等这样的词就是典型的反义词。有人说人类只能通过反义词去理解这个世界。如果我们想要了解一个新的词是什么意思，只要和它的反义词进行比较就会立刻明白。例如，有人会问究竟什么是活着，这时候你只要拿活着和死亡做一个比较，我相信他就会瞬间理解活着的含义。因此，当我们困惑于这是什么的时候，可以换个角度想一下它的对立面是什么，这样一来或许能够得到很大的启发。

第三种方法就是将两个意思相近的词进行比较，然后寻找它们的不同点。这时候两个词的含义往往只有略微的差别，如果你可以将这个差别搞清楚，就说明你已经很好地理解了这两个词。正是因为不同，所以才有意义。这种方法可以让我们在寻找差别的过程中加深对一个词的理解。

## 给管理下定义

接下来我们就试着进行一些练习吧。我给出的题目是

"给'管理'下一个定义"。我们在前文中也讨论过究竟什么是管理的话题，包括英文里的"Management"在内，很多人都不明白管理的真正含义是什么。但是诸位读者当中有很大一部分人都在公司里做管理工作，因此请大家给"管理"下个定义应该不是什么难事。

我在前文中已经介绍过了下定义的具体方法，大家可以尝试着去想一下"无管理"会是一种什么样的状态。首先，我们的脑海中会浮现出所有东西都缺乏管理的场景，这时可以先用文字把这个景象记下来。之后，可以根据自己的记录和分析来给"管理"下一个定义。

说到这，估计大家的脑海中都会浮现出一个人，这个人有可能是现任领导，也有可能是前任领导，还有可能是其他部门的一位负责人，但他们的共同特点都是不善于管理。大家可以回想一下这个不善于管理的人平时都在做些什么，我相信在这个基础上大家很快就可以给出"管理"的定义。下边给大家 5 分钟的时间，请大家尝试着做一下练习。

因此，肯定有人会认为管理就是要树立好的榜样，然后让被管理者去执行并且给予一定的褒奖。下面我给大家讲讲我个人的理解。我是从经理经常会掉入的"陷阱"这个角度来思考的。一个不善于管理的经理平时都会做哪些事呢（见图 27）？

- 喜欢与下属竞争
- 想让别人走自己走过的路
- 创造离开经理之后组织就无法照常运营的工作环境
- 意识不到评价标准发生的变化

**图 27　经理容易掉入的"陷阱"**

"喜欢与下属竞争"就是说领导不能意识到自己的角色已经发生了转变，还是把自己当作普通员工。他们总想要和自己的下属分出胜负。难道大家的身边没有这样的人吗？我感觉这种一边嘴上说着自己的下属还是太嫩了，一边又跟下属争胜负的领导不是好领导。

有些领导总是想让别人走自己走过的路，他们常挂在嘴边的一句话就是："要是我的话我是不会这么做的。"我以前在公司里也经常听到这样的话。曾经有个领导直接跟我说因为我是他的下属，所以必须在思想和工作方面与他保持一致，然而我当场就拒绝了他，因为我觉得我和他是两个独立的个体，所以在思想上是没有办法完全一致的。我认为，一个组织存在的意义正在于它当中有很多持有不同想法的人。如果大家的思维都在同一个轨道上，那么往往很难应对多变的环境。当然，将组织作为一个整体，它的大方向显然是明确的，只不过在朝着这个方向前进的过程中是允许存在各种各样的做法和建议的。那些只会一味地要求别人与他保持一致和盲目自信的领导是不可能培养出优秀的下属的，这种行为甚至连管理的边儿都搭不上。

有的经理认为下属不行，每一步都告诉他们该怎么做。其实他们完全没有意识到自己剥夺了下属思考的权利。有意也好，无意也罢，他们在不知不觉中创造了一种少了自己组织就无法正常运转的环境。

有些人在成为管理者的时候并没有意识到评价的标准已经发生了变化，而始终坚持自己以前的工作方法。既然走上了经理的岗位，就不能再用普通员工的思维方式来处理工作。例如，一名营销经理的目标应该是让整个团队的业绩实现最大化，而不是一味地想着如何将自己的个人业绩做到最好。因为公司在衡量你的工作绩效的时候已经不再看你的个人业绩，而是要看你作为一名营销经理给公司带来了多大的效益。但是直到今天，还有很大一部分经理没有意识到这一点，而一直在用普通员工的思维方式来管理工作。这就是我说的"无管理"的状态。

通过以上分析可知，无管理状态就是领导不关心团队和下属的实际情况，只是一味地抱怨结果，又或者是没有及时转换角色，继续从普通员工的角度来看待工作。因此，我认为管理不是向别人展示自己会的东西，而是能让别人去做自己做不到的事情。

最后，我给出的定义是：所谓管理就是调动团队和各部门成员的积极性。管理人员工作的关键不在于自己会做什么，也不在于与其他组员相比个人业绩有多好，而是在于你能否将大家的积极性充分调动起来（见图28）。

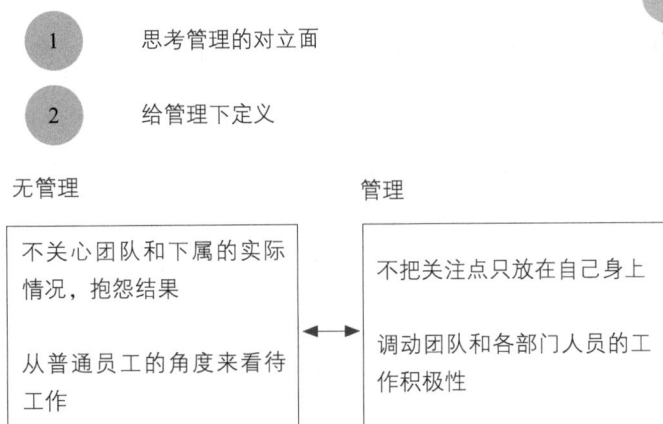

① 思考管理的对立面

② 给管理下定义

无管理

不关心团队和下属的实际情况，抱怨结果

从普通员工的角度来看待工作

管理

不把关注点只放在自己身上

调动团队和各部门人员的工作积极性

图28　什么是管理

接下来我们试着用一种新的方法来进行分析。我们通过寻找两个意思相近的词语的不同点，来给它们下一个准确的定义。我们可以将"管理"和"管控"这两个词进行比较，看它们之间有什么不同之处？我们能将这两个相似度很高的词做一个明确的区分，是非常有助于培养思考能力的。在之前已经对什么是管理下了一个定义，那么管控又是怎么一回事呢？

如果让我来给它们分别下一个定义，那么我认为管理就是创造一个情景，而管控则是把事情的发展控制在自己可以掌握的范围内。例如，我们常说管控工程的进展情况，这里的管控就是将实际的执行情况与既有的规划进行比较，然后找出它们之间的偏差并进行及时的调整。这是我对"管控"这个词的理解。

## 给自己的工作下定义

按照以上的逻辑进行思考，我们可以给自己在工作中承担的职责下一个定义。其实这是我们必须做的事情。当我们走上管理岗位或者成为经理的时候应该做哪些工作？当我们成为工程项目负责人的时候又应该做哪些工作？我们必须在正式走向工作岗位之前就将这些事搞清楚。按照我自己的理解，我认为工程经理应该充分调动下属和组员们的工作积极性，也就是说，要在有限的资源条件下明确各个员工的职责分工，并且让他们可以始终保持高涨的工作热情。只要我们能够给出明确的定义，员工执行起来就会显得非常从容。其实这些内容与我之前提到的经理经常会掉入的"陷阱"是有关系的。因为要想给自己的职责下定义，就必须具备基本的概念技能，如果你无法掌握这项技能就很容易掉入"陷阱"。

根据我们所处的不同岗位以及所肩负的不同职责，我们必须给自己的使命或职能下一个定义。如果做不到这一点，我们就很难进入实操环节。而且，如果我们不具备概念技能，那么"彼得定律"就会在我们的身上加速发生。

记得有一次我去参加一个企业举行的研讨会，在会上我和他们的负责人围绕"经理的职责是什么"进行了一场讨论。我提出经理就是要去思考该如何做才能充分调动下属和成员的工作积极性。这时，参会的董事长走到我面前说："既然你清楚地知道经理的职责所在，那么是否可以告诉我董事长的职责又是什么呢？"在他向我提问之前，我还从未认真地考虑过这个问题，于是我就灵机一动给出了以下的答复："董事长的职责就是合理地将自己的权限和权威分给不同的下属。"也就是说，我给董事长的职责所下的定义是：与其事事亲力亲为，不如通过将权限和权威转移给下属的方式来充分调动员工们的工作积极性。我们要知道，董事长和经理是两个完全不同的概念，董事长的工作更多的是对职能部门进行管理，就这一点来说，他们所肩负的任务与中层经理的职责是截然不同的。换句话说，董事长的职责不是简单地调动中层经理的工作积极性，更重要的是将自己的权限和权威合理地分配给他们。当然，仅仅具备这一点还是远远不够的，但它的重要性不言而喻。听到这里，那位董事长哈哈大笑了起来。他说："我到现在还真没有考虑过这个问题，原来与自己卖力干活相比，把自己的权限和权威进行合理分配会使企业的运行变得更加高效。但我还真不知道自己到底在公司里有多大的权威。"

我认为正是这份坦诚才是董事长的魅力所在，也只有这样的人才会赢得别人的尊重。往往在公司的创业初期，负责人会有一种想把公司快速壮大的强烈使命感。因为那个时候他们自身的能力很强，所以很多事都喜欢亲力亲为。可伴随着公司的不断发展，负责人的个人能力也会显得越来越有限，这个时候将自己的权限和权威分配给部下就变得尤为重要了。

在这里，我也请大家静下心来思考一下究竟什么才是自己的使命和职责。在思考的过程中，我们可以搞清楚自己该做些什么，并且还能通过这一行为来慢慢提高自己的概念技能。

## 用图形来区分"问题"与"课题"

接下来请大家试着去寻找两个意思相近的词语的不同点。"问题"与"课题"就是两个意思相近的词语，很多时候人们也会将这两个词混用。平时我们会说"解决问题"，也会说"解决课题"，那么这两个词之间到底有什么不同之处呢？下面，我们就试着绘制一张图形来帮我们加以区分。通过这种方式可以很好地训练和提高我们的概念技能，因为在我们绘图的时候大脑需要思考究竟发生了什么，只有思考清楚了才有下笔的可能，而这一思考的过程就是概念化的过程。

因为听众看不到我们的演讲数据，所以将要说明的数据进行图形化处理是很重要的。要知道 PPT 所起到的只是一个辅助的作用，我们必须将演讲者想表达的和听众想接收的信息转换成一种可以一目了然的形式。有些人不善于做演讲就会在 PPT 里放很多文字，一旦文字太多就自然而然地会让人觉得是在照本宣科。往往在这样的演讲中，听众会有一种抓不住重点的感觉，因此，我们应该将最想表达的部分制作成图形，然后在绘制图形的过程中搞清楚自己究竟想要表达什么。

下面给大家 5 分钟的时间，请大家试着用绘制图形的方式来表达出"问题"与"课题"这两个词之间的不同之处。

## 一定要试试看

怎么样，大家能画得出来吗？因为绘图的根本目的就是为了找出问题的本质并将它们表达出来，所以绘图的过程是最重要的。我们是没办法将大脑中那些模模糊糊的思绪用图形表达出来的，要想绘图就必须理清逻辑，一就是一，二就是二。另外，我们还可以通过绘图来建立各个模块之间的关系。大家可以看一下我画的图（见图 29）。其实我们平时遇到的"问题"就是一种差距，是一种现有状态（As Is）与理想状态（To Be）之间的差距。在解决问题的过程中，第一步就是设定问题，换言之，就是通过对现状的认知来寻找差距。总之，对问题的认识就是探寻现实状态与理想状态之间的差距。

（问题就是一种差距）

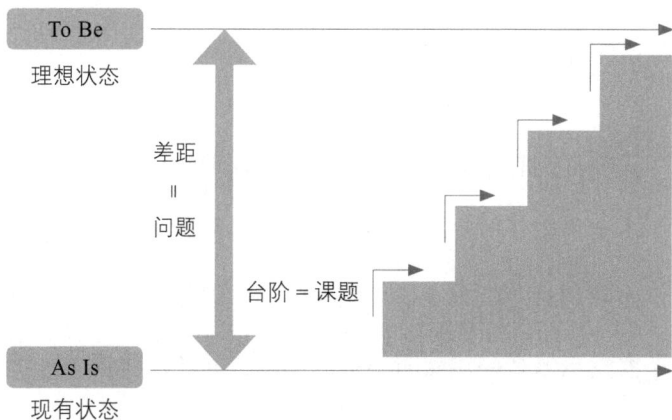

**To Be**
理想状态

差距
＝
问题

台阶 ＝ 课题

**As Is**
现有状态

图 29 了解问题的结构

　　与之相对，课题则是指用来弥补这一差距的具体步骤和方法。在现实状态与理想状态之间会有很多级台阶，我们要做的就是通过一步步的攀登来到达理想状态。我认为在这里出现的每一级台阶都是一个课题。

　　因此，只要绘制一幅简单的图形就可以很清楚地找出问题和课题之间的区别。当然，我们不能说这是百分之百正确的，但是通过将两个意思相近的词进行图形化处理确实可以辨析它们的不同点。这样一来，也可以更加便于我们讨论两个词语的含义。

　　我经常说应该把问题进行课题化处理，只盯着问题本身看是不会得到任何解决方法的。既然存在问题就说明存在差距，而我们对差距本身是无能为力的。因此非常有必要讨论一下究竟该怎么办才能缩小差距以解决问题，而这个过程就被称为"课题化"。

　　大部分公司在开会时讨论最多的就是"问题"，而只一味地强调存在问题却不进一步去讨论具体该怎么解决，最终的结果大多是无解的。因此，只有在认识到问题之后将它进行课题化处理，才能进行深入的讨论以达到解决问题的目的。但是，无论是在前文中提到的给"管理下定义"，还是通过图形来找出"问题"与"课题"之间的差异，这些都没有绝对的标准答案。毕竟人与人之间是有差异的，组织与组织之间也是有差异的，随着语境的变化，人们对同一个词的理解也是会产生偏差的。关键是一定要自己动脑思考，只有这样才有可能提高我们的概念技能。简单来说，就是要具备把无形的事物进行有形化处理的能力（见图30）。

- 抛开字典，给出自己的解释
- 定义要一语概括，简洁明了
- 不使用自己都还没有真正理解的词语
- 对一些宽泛的词语以及概括性词语要结合实际情况进行讨论

**图30 给无形的事物下定义**

其实给事物下定义是有诀窍的，最关键的就是要能用大脑中常用的词语来对他们进行高度的概括。比如说"控制就是发现差距并及时纠正""管理就是调动成员们的积极性""分析就是弄清楚事实"等。如果积累足够多，就会自然而然地找到窍门并且还能形成体系。这个习惯一旦养成，对培养我们的思考能力会有很大的帮助，因此要在日常会话中尽可能地不去使用自己无法给出准确定义的词语。

写文章的时候也是一样，要避免使用过于宽泛的词语。我们在阅读别人的文章时可以非常容易地看出对方是否真正了解某一事物或事件。概括性词语的使用范围很广，指代的意思又不是十分明确，但还是有很多人会在还没有认识清楚的情况下就随便拿来使用。而那些可以给出准确定义的人则会在非常恰当的环境中才使用概括性的词语。大家可以回头看看自己曾经写过的那些文章，看看里面有没有使用连自己都还无法给出准确定义的词语。今后，大家在写文章时一定要注意确认一下有没有使用指代不明、含义不清的词语。因为这一过程正是我们最看重的思考过程，所以一定要坚持使用自己可以给出明确定义的词语，一旦养成这个习惯，就会给我们带来很多的益处。

作为管理者，在向部下传达指令时，如果可以用很简短、准确的语言来表达思想与核心内容，将会给工作带来极大的便利。在围绕某个项目做讨论的时候，我们必须意识到既然要讨论就必须有自己的观点与衡量标准。所谓观点就是究竟自己是怎么看待这件事的；而衡量标准就是应该知道自己想实现一个什么样的目标。

我在前文介绍价值工程时将价值定义为功能比上成本，这是非常简洁明了的。如果可以经常做类似这样的下定义训练，那么我们的思考能力会有一个很大的提升。一个准确的定义会为有深度的思考和有效的行动指明方向。

# 04

# 第 2 层思考：找关联

## 必备思考技能 2：建立逻辑关系

第2层思考是找关联，对应的必备技能是建立逻辑关系的能力。很久以前，逻辑思考就已经成为商务人士的一项必备技能了。一说到逻辑思考，大家最容易想到的就是MECE分析法①和逻辑树分析法。那么当别人问起究竟什么是逻辑的时候，我们应该怎么回答呢？首先，大家要注意的是，MECE分析法和逻辑树分析法本身并不是我们所说的逻辑。我们通常将MECE分析法用于分析议题，而逻辑树分析法也只不过是一种工具。如果无法弄清楚逻辑的真正含义，无论

---

① MECE分析法，全称为 Mutually Exclusive Collectively Exhaustive，中文意思是"相互独立，完全穷尽"。也就是对于一个重大的议题，能够做到分类不重叠、不遗漏，而且能够借此有效把握问题的核心，并解决问题的方法。——译者注

是 MECE 分析法还是逻辑树分析法都是没有任何意义的。

## 建立关系才能有逻辑

在这里我想让大家知道，其实所谓的逻辑就是一种关系。因为这实在是太重要了，所以我再重复一遍，逻辑就是一种关系。我们经常会说某场说明会毫无逻辑性，或者是某人的逻辑性太差。其实正是因为他们没有在想要表达的东西之间建立起关系才会出现这样的情况。例如，上下文之间完全一点关系也没有，或者是前几天说的话和今天说的话之间存在很大的偏差，又或者是经常性的答非所问（见图 31）。

如果对方说："今天的天气可真不错。"我们认为，诸如"是啊，天气太好了"或者"天气让人心情都变好了"这样的回答是有逻辑性的。可如果回答是"我肚子好饿啊"，那么这就完全不符合逻辑了。所以说无逻辑就是没有建立起事物之

关系 = 逻辑

| | | |
|---|---|---|
| 刚才说的话 | — | 现在说的话 |
| 目前为止说过的话 | — | 以后要说的话 |
| 对方说的话 | — | 自己说的话 |

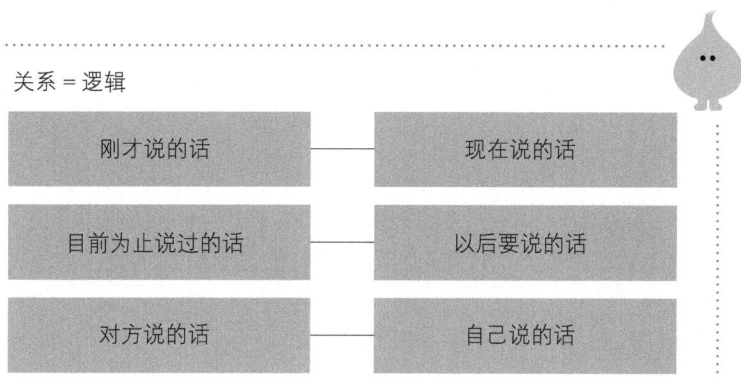

图 31　建立关系

间的关系，换句话说有逻辑就是能建立事物之间的关系。当别人要求我们提高语言逻辑性的时候我们可能会一下子无所适从，但如果是要我们将上下文进行有效的关联或者是把已经说过的话与即将表达的内容进行整合，好像就没有那么难了。我再强调一遍，逻辑就是建立事物之间的关系。如果要问具体是一种什么样的关系，其实我们所有人在上小学的时候就已经知道了，如顺接、逆接、并列、对比、补充、转折等。就像"因为、所以、于是、但是、或许"这类关联词就可以从语法上表达一种逻辑关系（见图32）。

关联词

| 顺接 | 前半部分是原因和理由 | 所以 - 因此 - 于是 |
|---|---|---|
| 逆接 | 与前边的内容截然相反、对立 | 但是 - 可是 |
| 并列 - 累加 | 与前文成平行关系或者补充关系 | 同样 - 而且 - 除此之外 |
| 对比 - 选择 | 比较或筛选 | 或者 - 另一方面 - 还是 |
| 说明 - 补充 | 作为前文的具体实例或补充说明 | 总之 - 因为 - 不过 |
| 转折 | 转换话题 | 有时 - 可是 - 却说 |

图 32　建立关系

　　野矢茂树先生是著名的哲学家，也写了很多关于逻辑学的著作，对逻辑学方面的研究有很多自己的见解。野矢茂树先生将日语的逻辑关系分成了六大类，把着眼点放在了自己的观点与各种表述方法之间的关系上（见图33）。

| 解说<br>（A=B） | 解说自己观点的具体内容<br>"也就是说""换句话说""简单说来" |
| --- | --- |
| 根据<br>（A→B/A←B） | 为什么提出这个观点、给出自己的根据<br>（A→B）"所以""因此"/（A←B）"为什么要这么说" |
| 举例<br>（A，比如B） | 用详细的例子来说明，给出根据<br>"例如" |
| 附加<br>（A+B） | 在原有观点的基础上进行延伸<br>"然后""并且""还有" |
| 转折<br>（A但是B） | 观点发生改变<br>"但是""可是" |
| 补充<br>（A不过B） | 对原有观点进行补充。与转折有相似之处，但更加强调原有的观点<br>"不过""话虽如此" |

图33 日语的逻辑（关系）

参考《逻辑训练》（野矢茂树著）

113

　　我们在这里就不对这些"关系"做过多的说明了，野矢茂树先生针对如何提高逻辑能力给出了他自己的建议：有意识地多使用关联词；在阅读文章的时候要结合接续关系来进行阅读练习。在野矢茂树先生的书《逻辑训练》中，用了很多精彩的例子和解说来帮助大家提高日语会话的逻辑性。我在这里强烈推荐大家去阅读一下。

　　但是这对于一直以来都没有注意培养自己逻辑能力的人来说还是有一定的难度和挑战的。如果想从零开始进行学习，我建议大家可以去做一些专门面向小学生，帮助他们提高语言能力的训练。你可不要因为这本书是面向小学生的就小瞧了它，即使是大人也能从中学到不少东西，把这本书看完以后我保证你受益匪浅。

## 工作中的六种关系

　　对于"逻辑"就是"关系"这个问题我已经强调过很多

次了，但在工作中遇到的逻辑问题就不是建立言语间的关系那么简单了。那究竟又是怎么一回事呢？我把工作中的关系总结如下（见图 34）。

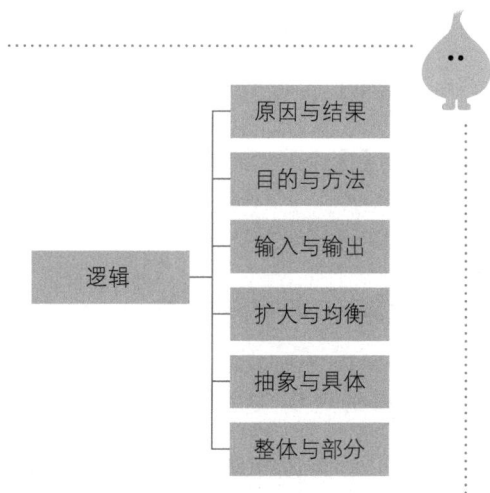

图 34　逻辑的种类

- 原因与结果的关系；

- 目的与方法的关系；

- 输入与输出的关系；

- 扩大与均衡的关系；

- 抽象与具体的关系；

- 整体与部分的关系。

除此之外还有很多，但能在工作中用到的逻辑关系大概也就这些了。如果能够对这一套理论有深刻理解，对今后的工作会有很大帮助。因此，我们在考虑问题时，能够意识到该选择哪一种关系是非常重要的。

## 1. 工作中的关系 1：原因与结果

原因与结果的逻辑关系就是"因为……所以……"如"因为被石头绊了，所以摔跤了""因为速度太快了，所以发生了交通事故""因为顾客增加了，所以营业额提高了"（见图 35 ）。

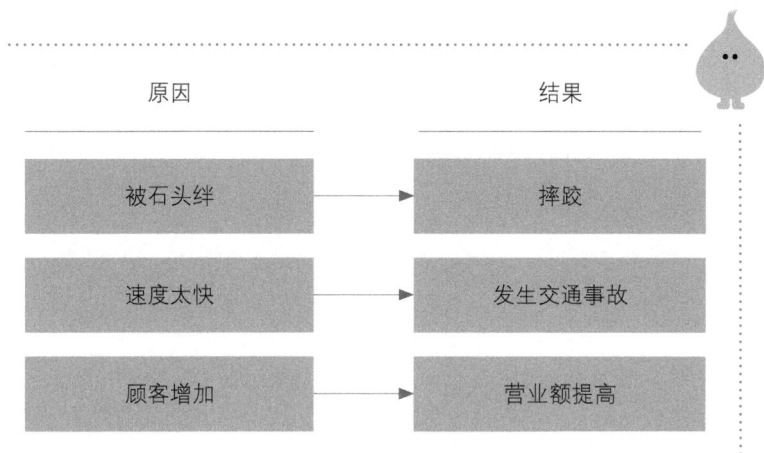

图35 原因与结果

## 2. 工作中的关系2：目的与方法

我们经常用"为了……"来表示目的与方法的关系。例如，"为了增加顾客数量而提高知名度""为了做笔记而拿出钢笔""为了照亮房屋而点灯"等（见图36）。

| 目的 | 方法 |
|---|---|
| 增加顾客数量 → | 提高知名度 |
| 做笔记 → | 拿出钢笔 |
| 照亮房屋 → | 点灯 |

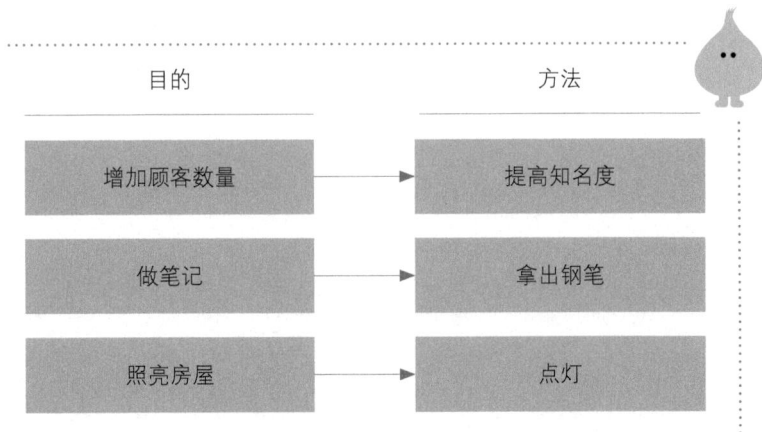

图 36　目的与方法

因为整个职场活动就是围绕着建立目的与方法的关系而展开的，所以在工作中了解"目的与方法的关系"是十分必要的。当我们想把某一个项目向前推进的时候，首先要做的就是弄清楚这个项目究竟是想做什么，这么做的根本目的又是什么。正是因为有了目的，项目的存在才具有意义。

例如，邀请客户来参加一场活动的目的有可能是为了让客户了解公司以及公司的最新产品，也可能是为了扩大客户群，还可能是为了提高企业的知名度。而一场新产品发布会的目的则有可能要向宾客证明自己的新产品要远远优于竞争对手的产品。当然，其最终目的是提高营业额并增加利润。

当客户委托我们帮助他们重新组建公司结构的时候，其目的就是要让工作流程变得更加简便，以及提高工作效率。当然，还有可能希望在重新组建的过程中提高员工的工作能力。

以上讨论的全部内容都是关于"这么做的目的是什么"，而平时在公司里所做的工作都是为了实现这个目的的一种"方法"。如果没有目的，也不知道自己想要什么，那自然也就不会存在任何方法。一旦失去目的，所做的任何工作都将是没有意义的。然而，事实却是经常会有人在工作的过程中忘记自己的目的是什么。在漫无目的状态下工作就只能把手头能做的事当成目的，也就等于把方法当成了目的。

以前，即使没有目的地工作好像也没什么大问题，"不管三七二十一"，先把手头能做的事给做起来再说，最多也就是由个别人负责制定战略，而其他大部分人只要埋头干活即可。即便这样，也能把营业额提高上去。但是，随着时代的快速发展，这种状态已经不可持续了。今天的日本已经是一个很成熟的市场，伴随着经济全球化的不断推进，每个人的工作都必须具备明确的目的性。

就拿系统开发来说，因为过去没有几个人懂什么是系统开发，所以对员工的要求也不会像现在这么高。那时候的信息化只不过是每个人把自己需要做的工作输入系统，然后由软件工程师根据要求进行编排，剩下的就是执行而已。

但如果到了今天还采取这种方法的话，基本上是不可能行得通的。因为客户的要求在不断地提高升级，而我们要做的也不只是将信息输入系统这么简单，必须根据信息处理的结果来提高商业竞争力，也就是说时代对我们的要求已经发生了变化。如果要使用商务智能系统或商务信息系统，就必须考虑公司的商业发展遇到了什么样的问题，要想解决问题需要哪些数据，收集到数据以后该如何进行分析等一系列问题。

作为系统的开发者，他们也必须充分了解客户的商业信息，如应该收集什么样的数据、到哪去收集数据、如何处理数据、如何分析数据才能对公司产生正面的影响等。因此，就单纯拿系统开发来说，也早已要求每一个参与者都要积极地去思考。近 10 年来，敏捷开发 [①] 受到了大家的关注。敏捷开发虽然在传统公司还没有成为主流，但在互联网公司却早已完成了渗透。它并不是在以前的瀑布模型 [②] 的基础上发展起来的，而是一种循序渐进式的系统开发流程。

---

① 敏捷开发以用户的需求进化为核心，采用迭代、循序渐进的方法进行软件开发。——译者注

② 瀑布模型（Waterfall Model）是一个项目开发架构，开发过程是通过设计一系列阶段顺序展开的，从系统需求分析开始直到产品发布和维护，每个阶段都会产生循环反馈，因此，如果有信息未被覆盖或者发现了问题，那么最好"返回"上一个阶段并进行适当的修改，项目开发进程从一个阶段"流动"到下一个阶段，这也是瀑布模型名称的由来。——译者注

根据不同项目的特点，采用敏捷开发能取得非常好的效果，但前提是所有的参与者都必须具备独立的思考能力。通常情况下，瀑布模型需要把任务分配给设计人员、编码人员以及测试人员。虽然在实际操作的时候无法分得这么清楚，但至少可以把任务分配给多人来共同完成。敏捷开发不需要这么做，它的项目开发具有一定的弹性。总的来说，就是在对子项目的不断修改中实现最终目标，但是它要求每一项设计都必须是最佳方案。在敏捷开发的流程中没有哪一项是特别重要的，每个人都必须根据当时所处的时间点和环境给出最佳的方案。所以说敏捷开发的方法对个人的工程设计能力提出了更高的要求。所谓工程设计能力就是根据目的来制定方法的能力。工程师的工作本来就不是要完成已经制定好的任务，而是有了想法和目的以后，为了达成目的而去设计一系列可行的方法。日本的软件开发产业大多采取外包的方式，这在很大程度上剥夺了工程师们的思考空间。直到今天，这种情况依然存在，着实让人头疼。

很多做系统开发的公司经常讨论的话题就是到底该如何进行开发。要知道，客户的目的是希望通过引入系统来提高营业额和效益，或是创造与对手之间的差别化竞争。因此一直讨论如何进行开发是极不合理的，这是大多数技术人员的通病。一遇到什么事就想着该怎么办，这个习惯一旦养成就很难改掉了。如果技术人员不注意这个问题，今后将会是个很大的麻烦。现在不会与顾客沟通的技术人员越来越少了，但我们必须充分认清目的与方法之间的关系。目的是"这么做是为了什么"，而方法则是"到底该怎么做"。

在此，需要注意的是，目的与方法的概念不是绝对的而是相对的。并不是说有些事就一定是目的，有些事就一定是方法，总的来说还是要看两件事之间的关系来定。刚才谈到的系统开发就是如此。客户的目的是"提高工作效率"和"发现商机"，而系统开发则是可以采取的方法之一。但是，对于软件开发商来说，系统开发是他们的目的，而调配可靠的工程师则是他们可以采取的主要方法。所以，目的和方法是可以分层的。通常情况下，客户的目的是提高效率以及发现商机，但在这个目的的背后还有一个更深层次的目的就是创造消费者。总之，搞清楚两件事之间的关系能够帮助我们确定什么是目的，什么是方法。

在工作中，需要处理好目的与方法之间的逻辑关系。这要求我们将一个相对来说比较大的目的进行拆分，然后确定与之相对应的解决方法。我平时在参加一些企业举办的战略推进会或者工程管理讨论会的时候，就会时刻提醒自己"我的目的是什么，我的方法又是什么。"

首先，我们要确定一个目的，有时候也可以说是目标。这时候就需要好好地思考一下"大方向是什么""理想状态是什么样的""这么做的目的是什么"。当然，在进行思考的时候还必须考虑到市场的需求以及竞争对手的最新动态。因为公司与客户之间并不是一对一的关系，而是多对多的关系。因此，必须综合考虑目标客户是什么样的人群，能给客户提供什么样的价值，公司产品与竞争对手的产品之间是否存在差异化等一系列问题。

而要想实现最终目的，就必须先制定一个战略。我把这个过程称为"寻找战略的最佳击球点"（见图37）。总的来说市场上只有三个群体，即消费者、竞争者和公司，也就是我们常说的3C（Customer、Competitor、Company）。从这三者之间的关系来分析，公司要追求的理想状态就是能满足顾客的需求而竞争者却做不到。我相信大多数人都会觉得这是理所当然的事情，但意想不到的却是有很多公司早已把这一点抛诸脑后。明明应该首先考虑顾客的需求是什么，可有很多公司从来都只考虑能提供什么。就好像当顾客点一份咖喱盖饭的时候，我们却跟他说自己比较擅长做炖菜。当然，最终的结果就是无论我们怎么吆喝都无济于事。其实换位思考，如果自己是顾客同样也是无法接受这样的店家的，因为我们很清楚自己并不需要这些，也许会直接选择离开。但一旦自己成为商家就完全不考虑这些了，这一现象实在是让人匪夷所思。

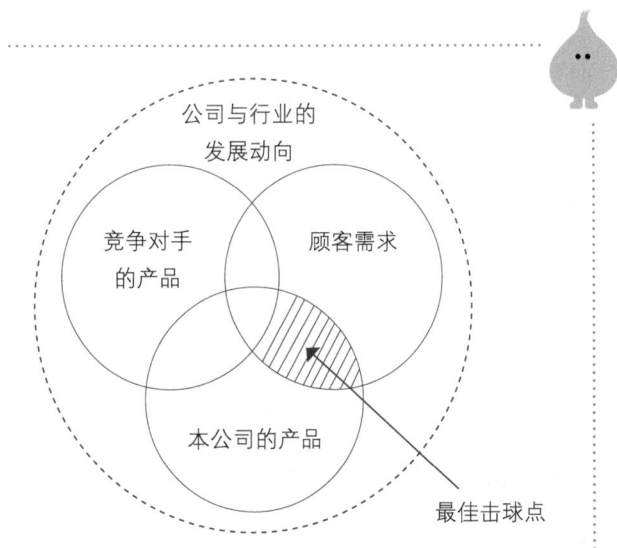

图 37　战略的最佳击球点

综上所述，在面对消费者的时候十分有必要找准战略的最佳击球点。例如，针对不同的消费者提供个性化的服务、让自己的产品质量明显优于竞争对手的、努力提高客户对商品的满意度等。

当我们将战略制定出来之后，战略的实施也并不是一件容易的事。很多公司往往只是将战略停留在口号的层面而从不去实践，而有一些公司明明制定了具有可行性的战略方针，却总是在落实的过程中栽跟头。简单来说，就是只有目的而没有方法。

像提高客户满意度这种抽象程度极高的目的不是那么容易就能实现的。因为必须思考究竟该怎么做才能提高客户满意度，而且目的越大，方法的层级也就越多。就好像建造一栋50层的大楼，看似简单的穿钢筋灌水泥的操作其实是一套极为复杂的工序。也就是说，建造一栋50层大楼的系统工程与编制钢筋的工作之间存在着巨大差距。因此，必须把这个巨大的工程细分为每一天的工作量，只有保质保量地做好每一天的工作才有可能取得最终的成功。这个时候就不得不考虑目的与方法之间的关系了。

请大家看图38，图的最左侧就是战略，它是我们最大的目的。战略就是怎么做才能让顾客满意，怎么做才能打败竞争对手。而要实现战略目标，就必须落实好作战方法，这就是我们平时所说的"项目"。简单来说"项目"就是要确定"做什么、做到什么时候、做成什么样"。当确定好项目的目标和任务以后，接下来就是要规划到底该如何推进项目了。要想一次就做出一个完美的工作分解结构（Work Breakdown Structure，WBS）并不是一件容易的事。通常情况下，我们会把项目管理看作是 WBS，或是把 WBS 看作是项目管理，它是一个非常重要的工具，但遗憾的是有很多企业并不知该如何正确地使用这个方法。

其实，WBS 就是将项目分解为一个一个的活动。但在大多数情况下，一个项目与具体的工作之间存在着巨大的差距，因此通常会把一个项目拆分为几道工序。有些项目明明立意很好但最终结果却不尽如人意，有很大一部分原因就在于我们没有充分搞清楚每道工序该做哪些事。首先，要知道工序中所计划的各项活动必须是有逻辑性的。另外，还要根据

**活动**
（Activity）
将工序分解
为具体的活
动，由各个
负责人进行
落实

**工序**
（Process）
设计可以达
成项目目标
的路径

**项目**
（Project）
把战略分解
为具体的行
动计划

**战略**
（Strategy）
把有限经营
资源投入哪
里，该做什
么，不该做
什么

把工序转换
为多个活动

把项目转换
为多个工序

将战略转换
为多个项目

把战略转换为行动＝工艺流程设计（Process Design）

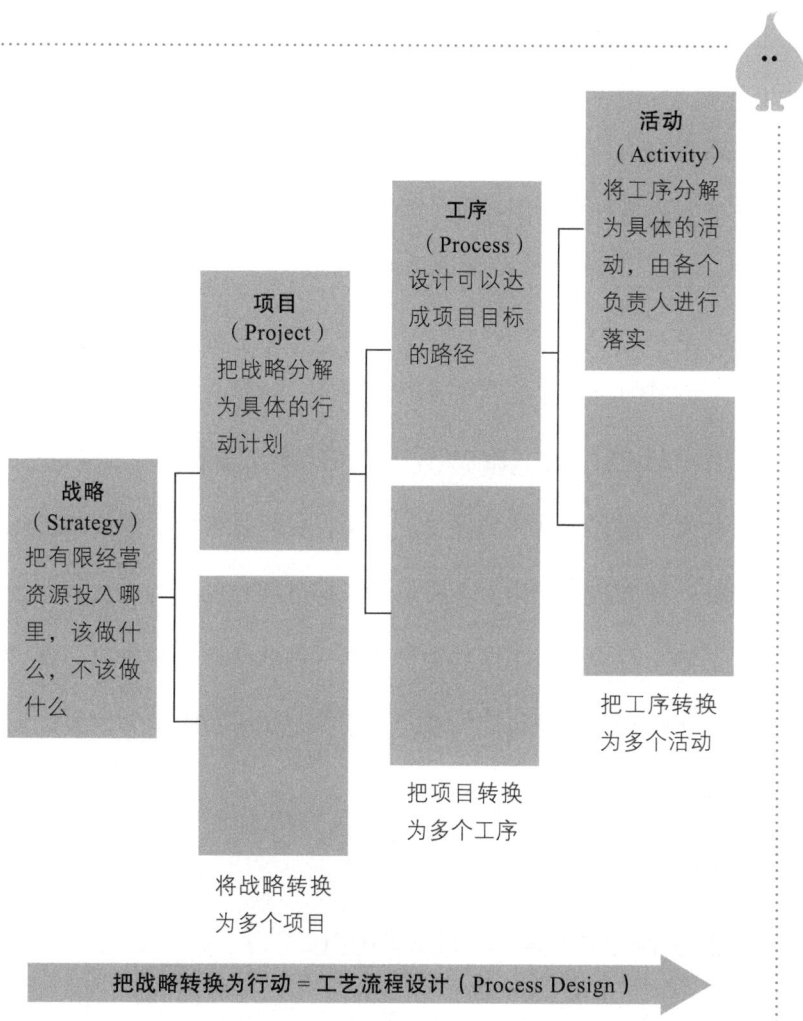

图 38　提升行动效率的具体流程

129

活动的内容为工序命名，并根据内容的不同进行差异化管理。因此，在划分工序之前就必须做好每一项活动的设计工作。或者说一旦确定了项目的任务和目标，就必须尽快进行各项活动的设计工作。如果不按照这个顺序推进，项目是很难被落实的。

目的与方法之间主要通过战略、项目、工序、活动联系在一起。这就是"HOW-WHY"的逻辑。要想实现战略目标，就必须落实到具体的项目上，而项目就是帮助达成战略目标的一种方法。同样，工序是用来推进项目的一种方法，而活动则是组成各道工序的关键要素。据此一步一步推进，就可以实现在保持连贯性的基础上用完全符合逻辑的方式来规划我们的工作。

## 3. 工作中的关系 3：输入与输出

前文中我们已经很详细地介绍了要想实现战略就必须将

战略分解成各个项目，而要想顺利完成这些项目就必须有一个很完美的工序设计。实际上，在设计工序的过程中除了要有"目的 - 方法"的逻辑还必须具备"输入 - 输出"的逻辑。

输入与输出之间的关系其实就是对原材料进行加工然后得到产品。例如，将大米和水放在一起，加热以后就会得到米饭；将需要完成的任务与可支配的时间进行整合分配就可以做成日程表；提出主要问题并进行项目规划便可以做出规划书。这就是输入与输出之间的关系（见图 39 和图 40）。

在输入与输出的逻辑关系里，我们经常会忽略顺序的重要性。而这个问题经常会给我们造成不必要的困扰，所以有必要做详细的说明。

| 输入 | 工序 | 输出 |
|------|------|------|
| 水<br>大米 | 加热 | 米饭 |
| 任务<br>可支配时间 | 时间分配 | 日程表 |
| 提出主要问题 | 项目规划 | 规划书 |

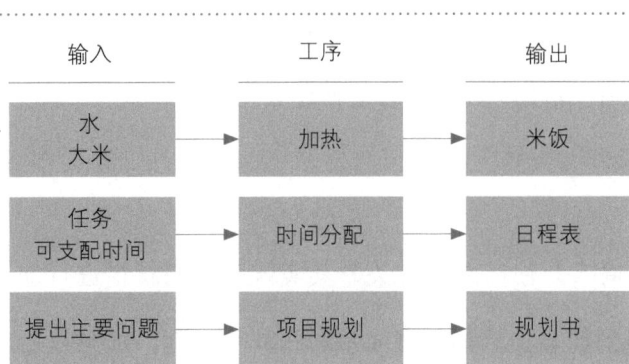

图 39　输入与输出

从输出的角度看问题

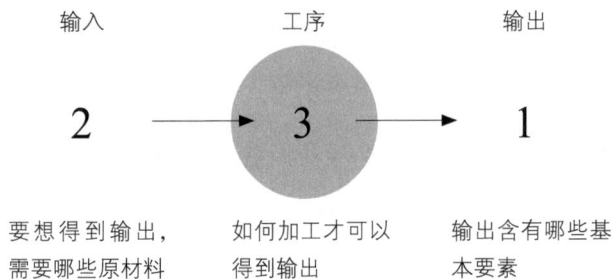

| 输入 | 工序 | 输出 |
|------|------|------|
| **2** | **3** | **1** |
| 要想得到输出，<br>需要哪些原材料 | 如何加工才可以<br>得到输出 | 输出含有哪些基<br>本要素 |

图 40　输入与输出

前文中举了一个关于输入与输出的关系的例子，即把大米和水（输入）进行加热（工序）以后就会得到米饭（输出），这个行为被称为"做饭"。但实际生活中我们并没有把这个行为看作一道工序，没有在意什么是输入，更没有留心过是什么样的顺序，也从来没有注意过做饭的过程中会有哪些动作。我们只是把淘米、放水、加热这一系列过程统称为"做饭"。也就是说，我们每天都在使用的"做饭"这个词，实际上就是一个综合性的概念。

像"管理""分析""整理"等词语也一样是综合性概念。因此，我们在进行工序设计的时候是不能使用这类词语的。因为对于这样的概括性词语我们很难去执行，也没有办法统计出工作量。归根结底，进行工序设计就是为了要搞清楚应该做什么，应该怎么做，而一旦使用概括性词语就会大大地增加工作的不确定性。

## 4. 工作中的关系 4：扩大与均衡

下面，我们聊一聊扩大与均衡之间的关系。这里所说的扩大是一种自我强化。例如，A 公司对产品进行降价，它的竞争对手 B 公司也会降价，然后随着竞争的逐步升级，如果 B 公司进一步降低价格，A 公司也只能被动地跟着降价。双方如果一直追求比对方更低的价格，就会掉进一个自我强化的怪圈，日本的某家连锁牛肉饭企业就曾陷入这种窘况。而实质上，这也是一种关系，一种扩大与自我强化的关系。

均衡就是平衡。价格上涨说明需求在增加，但需求量达到一定程度以后价格就会下降。要知道，价格不会一直上升，需求也不会不断扩大。在价格和需求之间会有一个相对稳定的状态，这就是均衡。这与前文提到的自我强化是截然相反的。扩大是加 / 加的关系，而均衡是加 / 减的关系，是一种追求平衡的关系（见图 41）。

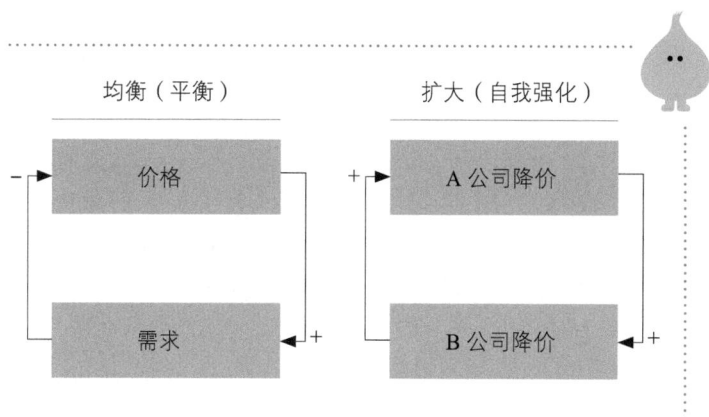

均衡（平衡）　　　　扩大（自我强化）

图 41　扩大与均衡

## 5. 工作中的关系 5：抽象与具体，工作中的关系 6：整体与部分

抽象与具体的关系实际上就是"is-a"的关系，我们用动物的例子加以说明。动物中有哺乳类、爬行类、鸟类等多个种类。比如说猫是哺乳类动物，那就是"猫 is-a 哺乳类动物"。而一旦"is-a"的关系成立以后就变成了我们常说的抽象与具体关系了（见图 42）。

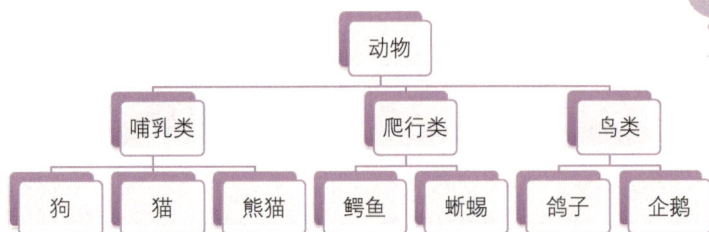

图 42　抽象与具体

　　与之相对应，整体与部分的关系就是"has-a"的关系。例如，在项目设计的整个流程中存在着许多相对独立的活动（见图 43）。这都能构成我们所说的"has-a"关系。

　　通过比较，可以很轻易地发现"is-a"与"has-a"的关系是截然不同的。但事实上却有很大一部分人还是会经常搞混两者之间的关系。很多时候明明想表达的是抽象与具体之间的关系，可最后却发现在进行整体与部分之间的讨论。例如，管理层总是下达这样的指令：我希望加强宣传以提高客户对我们的认知度。这个时候，领导的建议往往是举办一些活动。

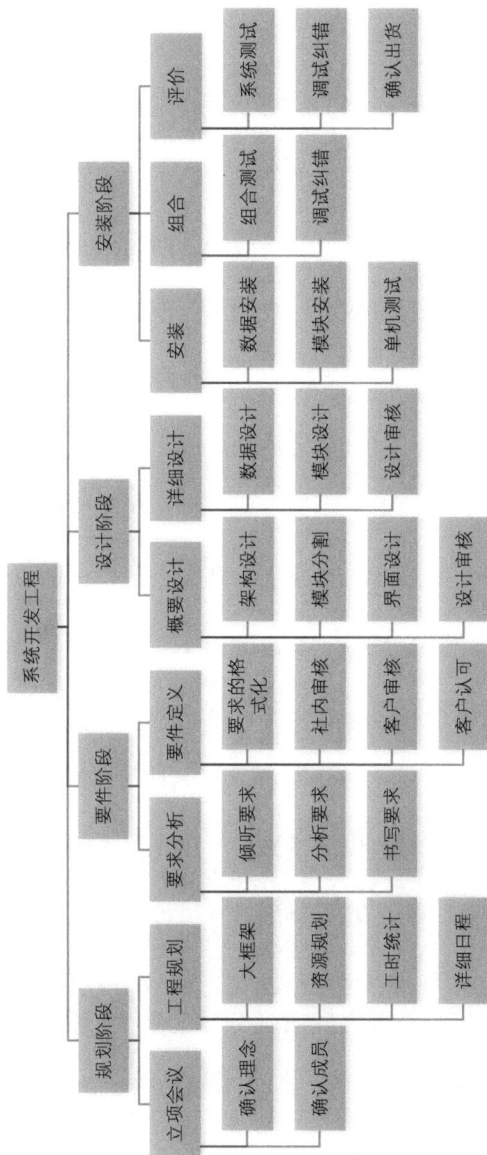

图43　整体与部分（WBS）

那这到底是"is-a"还是"has-a"呢？其实领导的意思是我们可以扩大宣传，比如举办一场活动就是个不错的选择。因此，在这里他说的"比如"的意思就是"is-a"。其实，他并不是希望立马就行动起来去组织一场活动，而是为了便于下属能更好地理解他说的话而举了一个例子。但是在这种场景下部下并不是这么想的，他们经常把领导的话理解为"has-a"，即认为领导的意思是：组织宣传活动。逻辑关系理解错了，偏差也就自然而然地产生了。大家想一想，领导明明只是随口举了一个例子，可部下却当成了一条命令，这样的事情在你的身边有没有发生过呢？总之，"is-a"和"has-a"之间的逻辑关系是截然不同的。我们在日常生活中也经常会遇到把"抽象与具体"理解为"整体与部分"的情况。因为"整体与部分"的关系理解起来相对容易，所以很多不善于思考的人经常会不自觉地朝这个方向上靠。

管理者与部门经理之间出现分歧的最大原因也在于此。管理者总喜欢说一些有关"抽象与具体"之类的话，可部门经理却总喜欢听"整体与部分"这样的指示，这个时候就开始产生了逻辑偏差。最要命的是明明逻辑已经不在一个频道上了，双方却都还没有意识到。管理者因为工作的需要会在讨论的时候经常说："你说的到底是什么意思呢（具体化）""你说的是这个意思吗（抽象化）"之类的话，而部门经理最喜欢的就是弄清楚"究竟要做哪些工作"。

"抽象与具体"的逻辑关系就是把不同的东西看作相同的东西，或者从不同的角度对相同的东西进行观察和区分。例如，猫和狗是不一样的，却又都是哺乳类动物。这就把不同的东西看做了相同的东西，我们把这个过程称为抽象化。与之相反，哺乳类动物中有猫、狗，还有老鼠。我们把思考某一个概念中到底包含了哪些详细内容的过程称为具体化。

有关抽象化的内容将在后续"发现本质的能力"的章节还会做延伸说明。目前就是希望大家能区分"抽象与具体"和"整体与部分"之间的逻辑关系。因为当我们无法弄清对方是在讲"抽象与具体"的问题还是"整体与部分"的问题的时候，讨论就很难继续深入下去了。

## 项目管理的难点

项目管理工作为什么这么难，关键就在于我们没有对前文所介绍的各种逻辑关系做一个很好的识别与区分。我们要了解什么是战略，我们通常会把它理解为项目的任务和目标，但首先要做的应该是理清"目的与方法"和"抽象与具体"之间的逻辑关系。也就是说，应该具备能搞清楚"对方在说什么""他说的是我理解的那个意思吗""是这么做比较好吗"的能力。当开始进入流程设计阶段的时候，就会碰到"输入与输出"的逻辑问题。在这个阶段中，我们要思考用什么原材料以及通过什么样的方法来得到什么样的中间产物。另外，只有在搞清楚输入与输出的逻辑关系并设计出完美的流程的情况下才能知道中间产物是否适用于我们想要得到的最终成品。

当设计完流程后，接下来要做的就是将流程分解为各项活动。这就要求必须具备"整体与部分"的逻辑思维了。只有对流程进行分解才能更加了解各项活动的具体任务。

脑力工作要求我们能够经常在各种逻辑关系之间进行切换。我在有关项目管理的章节中对这方面做了详细的介绍，但到目前为止依然还有一部分人没有意识到这一点。

**05**

# 第 3 层思考：搭结构

## 必备思考技能 3：优化思维结构

到目前为止，我已经向大家介绍了两种思考的技能了。第一种技能是正确阐释概念的能力，就是把"好像明白""可能是这样""大概是这样用的"这样的想法用语言的形式表达出来，因为精准的语言表达能力是思考的基础。

第二种技能是建立逻辑关系的能力。就是把"现在在说什么""刚才说了什么""接下来要说什么""对方说了什么""自己在说什么""以前说过什么""将来会说什么"都弄得清清楚楚，并让它们之间建立起关系。其实这就是我们所说的逻辑。

当然，关系也有很多种类别，如目的与方法、原因与结果、输入与输出等。最关键的就是我们要清楚正在讨论的究竟属于哪一种关系。只有做到这一点，才有可能用语言来讨论这个无形的概念世界。当明确现在讨论的是关于哪些方面的问题，是以什么样的形式呈现出来的时候，我们会更加清楚地认识事物的本质，也会更加有逻辑地组织自己的语言。

下面我将为大家介绍洋葱思考法的第三层：搭结构，在这一层中需要我们掌握第三种思考技能，即优化思维结构的技能。这里的"结构"指的是关系与关系之间的构成。刚才我们提到现象不是真正的问题所在，比如"频繁发生故障""营业额下降"就是一种现象，这是我们可以直接用眼睛观察到的。而在现象的背后则可能存在很多问题，并且这些问题相互之间都是有一定关系的。也就是说，我们所看到的现象必定是由一个复杂的结构性问题导致的（见图 44）。

- 结构是指"关系"与"关系"之间的连接
- 每一种现象的背后都有着复杂的结构
- 运用逻辑思维实现结构的可视化
- 结构分析可以解决问题

**图 44　什么是结构化**

当我们想解决问题时决不能把目光只停留在现象本身，而是要在它背后的结构组成上下功夫。如果结构本身不发生改变，即使某一些现象有可能会发生好转，但问题最终肯定还是会以其他的形式在别的地方表现出来。我在这里用衣柜打个比方吧。可能现在不多见了，但是以前那种质量好的衣柜经常会出现以下状况：当你关上抽屉的时候，它的上方或者下方与之相邻的抽屉会自动弹出。产生这种情况的原因就在于衣柜的密封性太好，当我们关上一个抽屉的时候，空气会把其他的抽屉顶出来。当我们按住相邻抽屉的时候，其他地方的抽屉还是一样会被顶出来。结果就会像在打地鼠一样，你永远不知道下一个出来的会是哪一个抽屉，而这背后的一个重要原因就在于整个衣柜上的所有抽屉都具有相同的结构。

再举个例子，我们身边一定会有总是迟到的人。领导见了往往会说他们自控力实在太差，或是说"下次注意"之类的话。我相信他们都不是故意迟到的，并且也想改掉这个毛病，但结果是什么呢？结果就是该迟到的人依然还是会迟到。即使在家里摆上一百个造型独特的闹钟，也不会给迟到的现象带来任何的改变，出现这种现象的关键就在于迟到背后的结构并没有发生变化。我们要明白，迟到一定是有原因的。例如，因为工作太累一回家就躺在沙发上睡着了，或者读一本自己喜欢的书一直读到了天亮，又或者醒来后又睡了个回笼觉再睁眼的时候发现已经迟到了，等等。这些真实存在的事实形成了一种容易导致他们迟到的结构。如果这种结构不发生改变，迟到现象是永远不会得到改善的。而像"下次注意""多买些声音大的闹钟"这种并没有发生任何结构改变的对策也不能称得上真正意义上的有价值的对策。

下面，我们就来回顾一下解决问题的流程。要想解决问题首先要做的就是设定问题，然后收集能解释这一现象的事实，接着要进行结构化分析（分析原因），而解决问题的关键就是要做好结构化分析工作。因此，我们需要将导致现象发生的结构进行可视化处理，如果不改变结构而单纯地改变表象是解决不了任何实质性问题的。

## 水槽异味事件

为了便于理解，我给大家举一个最近我身边发生的真实案例。

这件事就发生在我自己家里，只要厨房的水管里放热水，屋里就会有一阵恶臭，但过一阵味道就会散去，所以我也就没管它。直到有一天，我打开水槽下方的抽屉，发现里边有一部分三合板都卷成了一团。一开始我以为可能是排水管漏水，产生湿气导致三合板发生了变形，但我自己检查了一下水槽下方，并没有发现任何漏水的痕迹。

于是我就给房地产公司打电话，希望他们可以来帮我看一下究竟是哪儿出了问题。很快就来了一位负责基建的年轻人，但是他看了现场以后也是一头雾水。他建议不管是不是水管的问题，先拿塑料胶带给我的排水管做一个强化，但我觉得这样做不妥就让他先别动。我跟他说，如果是排水管漏水那么下方应该会有积水或者底部会变黑才对，但现在看不到任何类似的痕迹，所以将可见范围内的排水管再裹一层塑料胶带是解决不了任何问题的。

这位年轻人选了一个普通人都会想到的解决对策。尽管什么都还没有搞清楚，就把原因归咎于最容易发生泄漏的排水管，并且解决方法也是最常用的用塑料胶带包裹。他找了一个很容易想到的原因，用了一个很容易想到的对策，一切看起来都好似符合逻辑，但却没有解决任何问题。最后，我跟他说还是希望能找到问题的根源再采取应对措施。

于是，一周以后，这位年轻人又带过来一位看起来经验丰富的中年人。果然姜还是老的辣啊！他首先确认了没有任何漏水产生的痕迹，紧接着就问我能不能移动一下我的整体橱柜。虽然工程量有点大，但我知道不找到问题的真正原因就没法给出解决的对策，因此我跟他说当然可以。我家是柜式厨房，橱柜是紧紧贴在地板上的。移动橱柜以后，我们发现橱柜和地板之间的连接处有一块已经发霉变黑了。可我搬进这幢新房子的时间还不到一年，这真是让人匪夷所思。但即便这样我们还是没有发现任何漏水的痕迹，这个谜团越来越大。

然后，这位师傅就征求我的意见，看能不能撬开地板好让他仔细检查。情况好像确实没有那么简单，我的好奇心也被完全调动起来了。我跟他说没有问题，可以慢慢地检查。我们用圆盘锯把地板锯开，露出了地板下的隔热材料，好像是石棉，反正看起来和棉花差不多，用手一摸，发现它是潮湿的。因为石棉周围并没有铺设任何水管，所以我们很奇怪这湿气是从哪里来的，于是我们挖出隔热材料，直到能看见混凝土的地基为止，最后发现混凝土上积了很多水。虽然我们找到了潮湿和发霉的原因，但还是不知道这水究竟是从哪里来的。

这时候师傅问我能不能将家中所有的水龙头都打开，我就将厨房、浴室、洗脸台、卫生间等所有的水龙头都开到最大。因为他怀疑是地板下的某一根水管开裂导致积水，所以将所有的水龙头都打开就可以知道具体是哪一处出了问题。但没想到的是，还是没有发现任何水管有漏水的迹象。这真是太不可思议了，我们必须搞清楚这些积水究竟是从哪里来的。

接着，师傅开始在我房子的周边进行巡视。我们家在一楼，师傅很快就转了一圈回来了。这次他让我准备好一桶水，并且在房子边上铺放了一大堆石子。因为之前地面和房屋的交界处都已经做了防水处理，所以师傅在那里切开了一个不

大不小的口子。看起来即使有了这个小豁口，普通的雨水还
是无法渗入地面，但如果是倾盆大雨，雨水是肯定能沿着这
个口子流进地基里去的。刚好那一阵连续下了好几天的大雨，
于是我们用水桶灌注的方法做了一场模拟下暴雨的试验。那
位年轻人将一整桶水一下子倒向豁口，师傅把头伸到地板下
方观察地基的情况，只听他大喊一声"水出来了！"这一刻，
我们终于找到了问题的真正原因。

至此，我们就可以把放热水时产生异味这一现象的结构
做一个可视化的处理了（见图 45）。

- 首先，房屋外的防水层发生了开裂。
- 雨水顺着防水层的豁口进入了地基。
- 雨水在地基里产生了积水。
- 水经过蒸发产生水蒸气。
- 水蒸气无法散开，沿着水管延伸到了水槽下方。
- 水蒸气导致了霉变和异味的产生。

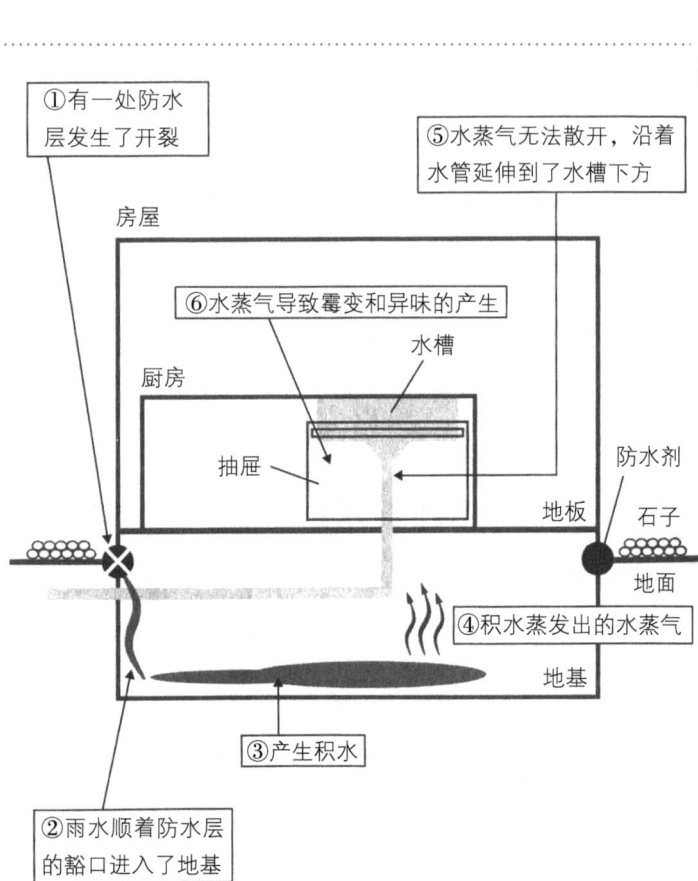

①有一处防水层发生了开裂

⑤水蒸气无法散开，沿着水管延伸到了水槽下方

房屋

⑥水蒸气导致霉变和异味的产生

水槽

厨房

抽屉

防水剂

地板

石子

地面

④积水蒸发出的水蒸气

地基

③产生积水

②雨水顺着防水层的豁口进入了地基

图 45　原因和结果的结构

由此可知，放热水的时候会产生异味是因为底部霉变所

产生的味道顺着水管一起涌了上来。

这位经验丰富的师傅的大脑中储存了公寓的整体结构，并将他们进行了可视化处理，在此基础上他可以不断地提出假设并一一验证。我们看一下图46中的"事实-假设-验证"循环就会一目了然了。通过不断地验证，我们可以弄清楚所形成事实的完整结构。而这位师傅所采用的"感知现象""收集事实""结构化"的方法完美地展现了一个标准的解决问题的流程。接下来他就会给出一系列解决问题的方法，并告诉我在什么时候该做什么事。我觉得没有比这更完美的对策了。之后，他还会打电话过来询问水槽有异味的情况有没有再次发生，这种充满智慧而又周到的服务可以说是非常完美了。

说了这么多，现在想想大多数人一开始是不是都会和那位年轻人一样采用相同的对策呢？看到表面现象以后，一般人的第一个反应就是先控制事态的发展。但真实的情况远没有这么简单。如果一不收集事实，二不将结构进行可视化处理，三不改变结构本身，问题将始终都得不到解决。

| 现象 | | 假设 | | 收集事实（验证） |
|---|---|---|---|---|
| 水槽下方发出异味放热水的时候尤为严重 | 意味着什么？ | 水管漏水？ | 这样一来的话 | 要是下边积水的话应该会有发黑的现象 - 既没有积水也没有发黑现象 |

应该还有别的原因

| 收集事实 | | 假设 | | 收集事实（验证） |
|---|---|---|---|---|
| 把橱柜全部移开 - 发现大量霉变 | 意味着什么？ | 水蒸气是从底部上来的？ | 这样一来的话 | 水蒸气的源头应该在地板下方 - 地板下有积水 |

意味着什么？

| 假设 | | 收集事实（验证） | | 收集事实 |
|---|---|---|---|---|
| 地板下的水管漏水？ | 这样一来的话 | 有水流的话应该可以看到漏水点 - 打开所有的水龙头还是没有发现漏水的情况 | 应该还有别的原因 | 观察房屋外部 - 防水材料有豁口 |

意味着什么？

| 假设 | | 收集事实（验证） |
|---|---|---|
| 水是从防水材料的豁口流到地板下方的？ | 这样一来的话 | 用大水流冲击的话应该会有水流入地板下方 |

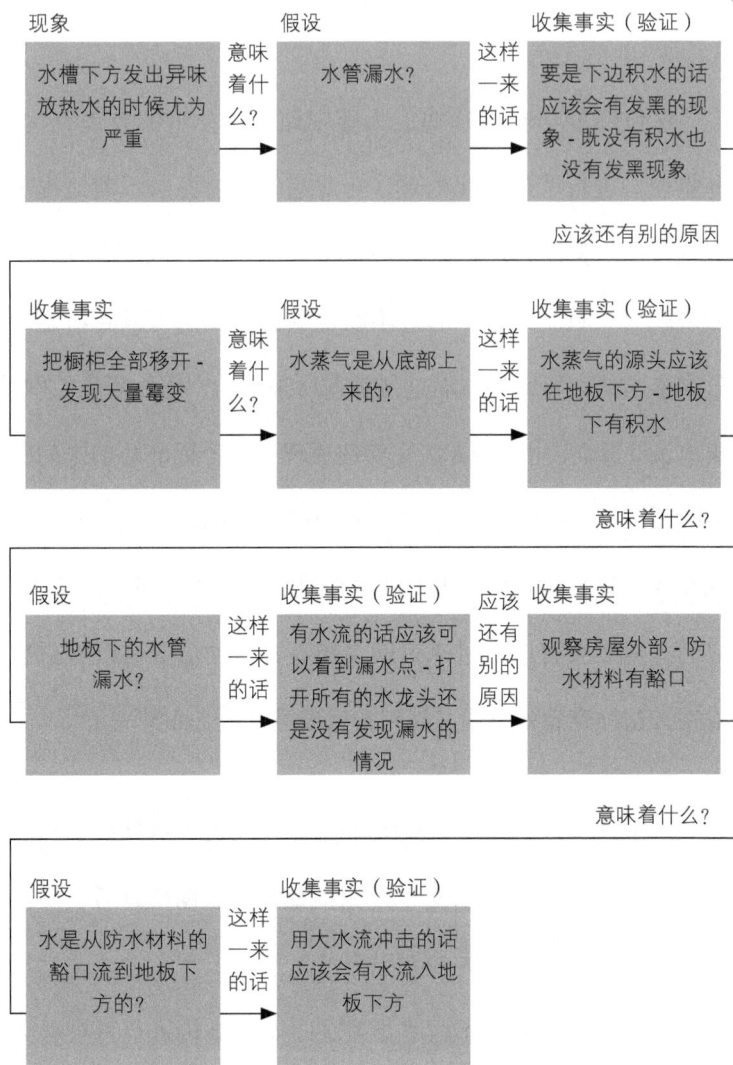

**图 46　通过假设和验证来搜集事实**

## 问题的结构化

以软件开发为例，即使我们做了很多遍的测试才把它推向市场，但到了客户手中还是会出现各种问题。如果要问究竟是为什么，最常给出的解释就是检查工作做得不到位。若接着问打算怎么解决，大部分人给出的对策就是"为了防止再次出现问题，以后一定严把质量关"。

但是，像这样由于没有检查而导致问题软件的出现，"下次一定好好检查"的处理方法，是解决不了任何实质性问题的。因为我们并没有把注意力转移到产生问题的结构上来。在所谓"没有好好检查"这个现象的背后还隐藏着一个导致无法进行检查的结构。

"鱼骨图分析法"是一种很好地将问题的结构进行可视化处理的方法（见图 47）。这种方法最开始是由人称"日本质量管理第一人"的石川馨先生提出来的，因此又被称作"石川图分析法"。在画鱼骨图的时候首先要确定好一个切入点，

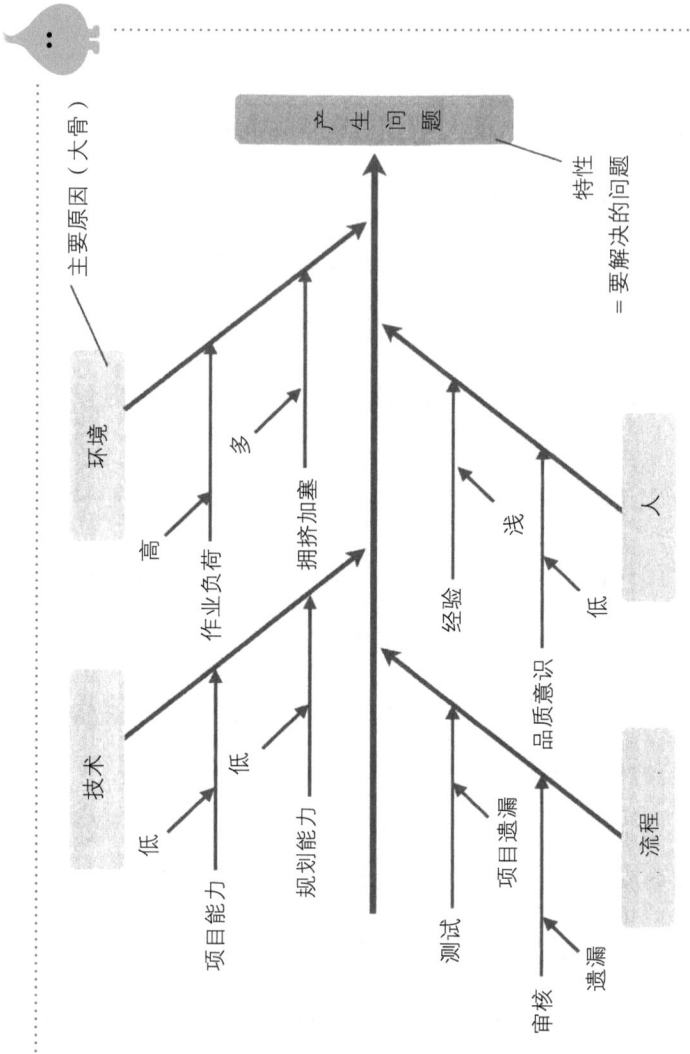

图 47　原因与结果的结构（鱼骨图·特性要因图）

主要原因（大骨）

产生问题

特性
＝要解决的问题

环境

高
作业负荷

多
拥挤加塞

技术

低
项目能力

低
规划能力

人

浅
经验

低
品质意识

测试
项目遗漏

流程

审核
遗漏

可以把它看作鱼的大骨。大骨定下来以后就可以通过补充中骨和小骨的方法来进一步探寻它的具体原因了。通常用"4M"的方法来寻找切入点。"4M"分别是"人（Man）""机器（Machine）""素材（Material）"和"方法（Method）"。

画鱼骨图的核心就是要对"Issue"进行分解。所谓"Issue"就是要解决的问题，或者是应该解决的问题。鱼骨图就是模仿鱼骨的特性将问题进行分解，而问题树分析法也具有类似的特点，它是像分解大树的枝干一样来分析问题。当然，"4M"也同样可以作为问题树分析法的切入点。

当我们想解决问题时，很容易想到的就是逻辑树分析法、问题树分析法等。实际上这些方法很早之前就在生产领域得到了广泛的应用，但它们的不同点在于生产领域要解决的是已经发生过的问题，而在工作中我们需要面对的则是关于未来的问题。例如，针对已经发生的故障需要给出一个合适的解决办法，那么说明这个故障是已经发生并且实际存在的，也就是说是过去完成时，而寻找新的市场机会、探寻市场的最新需求、设计营销策略、扩大市场规模等问题却是面向未来的。

前文介绍了有关"守、破、离"的内容。在解决问题的时候，"守"指的就是该如何解决眼前发生的营业额下降、质量低下、产能不足、发生故障、止步不前等问题。无论是面向过去的还是面向未来的，其问题的本质都是相同的，即表现为现实与理想状态之间的差距。在"守、破、离"的整个流程中，如果连已经发生过的问题都不能熟练解决的话，解决面向未来的问题就更难上加难了。但如果可以很熟悉"认识差距-收集事实-用结构化的方法分析原因"这套思考流程，相信就能非常容易把将过去应该是什么样，以及三年以后更应该是什么样看得清清楚楚了。

接下来，我们继续来聊一聊鱼骨图分析法。通过鱼骨图分析法可以找出产生问题的多种原因，但由于分析的切入点是事先就确定好的，所以无法对每一种原因都进行深入探究。可以说，鱼骨图分析法的缺点就在于它没能考虑到切入点以外的其他原因。

我们通常会采用"5why分析法"对产生问题的原因进行深入分析。通过不断地重复"为什么、为什么、为什么"的方法将原因与结果的结构进行可视化处理（见图48）。例如，我们可以提出"为什么会发生故障"，那么就需要思考一下"是什么样的结构导致了故障的发生"。而引起故障的直接原因就在于做设计的时候没有将问题考虑得很周全。接下来就需要思考一下如果设计的时候没有把问题想周全可能会产生什么样的结构和状况。这个时候就应该意识到协议书当中有可能存在一些漏洞。如果继续深入，那么"制定协议的时候没有进行充分讨论""协议书中也没有写明""囫囵吞枣地确认协议书"等事实就可以很清晰地展现在我们眼前。

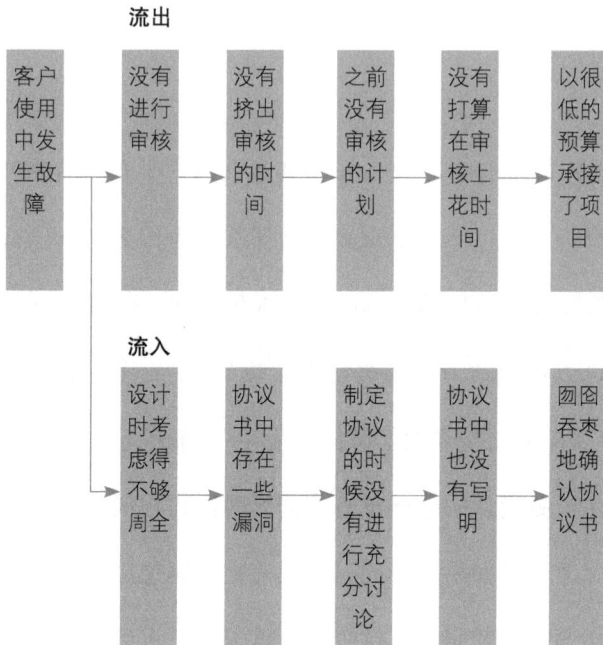

**流出**

| 客户使用中发生故障 | → | 没有进行审核 | → | 没有挤出审核的时间 | → | 之前没有审核的计划 | → | 没有打算在审核上花时间 | → | 以很低的预算承接了项目 |
|---|---|---|---|---|---|---|---|---|---|---|

**流入**

| 设计时考虑得不够周全 | → | 协议书中存在一些漏洞 | → | 制定协议的时候没有进行充分讨论 | → | 协议书中也没有写明 | → | 囫囵吞枣地确认协议书 |
|---|---|---|---|---|---|---|---|---|

**注意事项**

- 要将每一个事实进行无缝对接
- 关注导致事实的事实以及引起状况发生的原因
- 从流入、流出两个角度进行思考

**图 48　原因与结果的结构（5why 分析法）**

　　我们把以上现象称为"流入"问题，但错误和故障的发生除了"流入"之外还有"流出"的问题。"为什么会发生故障""为什么会产生错误"是"流入"，而"为什么没有发现故障""为什么没有在上游将问题截留"则是"流出"的问题。从"流出"的角度来说，产生问题的原因是没有进行很严格的审核而导致将有故障的产品交付给客户。那么为什么没能好好地进行审核呢？又是什么样的结构导致了无法有效地进行审核呢？这时候就会发现存在着"没有挤出审核的时间""之前没有审核的计划""没有安排审核的工作"等一系列的理由，而最根本的原因就在于签订协议的时候预算偏低，但是预算低其实并不是一件坏事，真正的原因在于没有准确地梳理预算与工作量之间的关系。

　　相信大家已经发现这种分析方法与图 47 所示的鱼骨图分析法是完全不同的。我们通过不断地提出"为什么"的方法来寻找最根本的原因，而在这个过程中提出的第一个"为什么"与实际原因之间可能会存在着很大的差距。第一次提出

"为什么"的时候，答案可能是"设计缺陷"。如果是这样，那么给出的解决办法也可能仅仅是一句"那下次设计的时候多注意"。人们习惯性的思维方式就是"因为没有进行充分的检查所以导致了设计缺陷"，或是"因为没有意识到品质的重要性而产生了设计缺陷"。事实却是我们不可能仅依靠对个人意识的把控就能够避免设计缺陷的发生。

如果管理者或者经理给出的理由是"觉悟不够"，那么就说明他们的工作做得不到位。如果什么都要依靠人自身的觉悟，那么管理者的存在也就没有任何意义了。之所以会产生问题是因为每一个问题背后都有它特有的结构，而管理者的工作就是通过改善结构来营造一个不易发生问题的环境。

在使用"5why分析法"时，最关键的就是提问的方法和技巧。如果像小和尚念经一样只是不停地在重复问"为什么""为什么""为什么"，那么你是不会有任何收获的。下面我就为大家展示一个案例。

A：为什么会出现故障呢？

B：因为出现了设计缺陷。

A：为什么设计会产生缺陷呢？

B：因为检查工作做得不到位。

A：为什么不好好检查呢？

B：因为当时的确疏忽了。

A：那下次注意啊。

其实，类似这样的提问对分析问题起不到任何积极的作用。

刚才的提问方式是："什么样的结构才导致了问题的发生？"这大概是一种属于日本人特有的提问方式吧，如果用"为什么"来提问，会让人感觉是在受责问。因此，在提问的时候应该尽可能不使用"为什么"（Why），而使用"是什么"（What），即类如"问题是由什么原因造成的？"或"是什么样的结构导致了问题的发生？"等。

在分析故障的产生原因时，会发现基本上大部分故障都可以归咎到"设计缺陷"上来。但是，如果要深究是什么原因导致了设计缺陷，很多时候则是因为没有在协议中写明具体要求，或者是条文列得还不够详细。这样一来，就不是设计缺陷的问题而是协议缺陷的问题了。如果再进一步深入的话，那么问题就有可能藏在最初的流程设计环节之中。总之，我们可以通过深挖原因与结果的结构来寻找最根本的原因。

使用"5why分析法"的关键点就是全方位地收集事实，且不可以有任何的跳跃。其目的就是将各个相互关联的事实进行排序和串联。我觉得很有必要在这里给大家介绍一下什么是"事实"。刚才说到概念性思考能力比较弱的人不善于整理各项事实之间的关系。但每个人对发生的事实都是持有自己的看法的，那么事实与看法之间的区别是什么？举个例子，大家认为"铃木先生赶不上电车了"是一个事实还是一个看法呢？

　　实际上这只是一个看法。我们说的是赶不上电车，而这里所说的"赶不上"已经加入了个人判断。所谓事实是能用眼睛实实在在看到的东西，而不能有任何的主观判断与解释。由于我们平时思考的时候不会刻意区分是事实还是看法，所以陈述事实时很容易加入自己的看法。

　　就拿"铃木先生赶不上电车了"这个例子来说，事实是"铃木先生原本计划乘坐 7:45 的电车"，然后"当铃木先生到达车站的时候 7:45 的电车已经发车了"。这是千真万确的事。而"铃木先生赶不上电车了"则是用自己的看法来对这个事实进行解释（见图 49）。

　　在解决问题的时候，无论是个人看法还是价值观，这些都不重要，最重要的是事实本身。如果看不清事实的本质，就很容易陷入主观意识的陷阱。

早上向田中部长打招呼，他却没有任何反应，这时大家就会想"田中部长生气了吗？他最近有什么不开心的事情吗？"随着大脑的不断运转，甚至有人会想"田中部长是不是讨厌我啊？"而以上列出的所有想法都不是事实，而是个

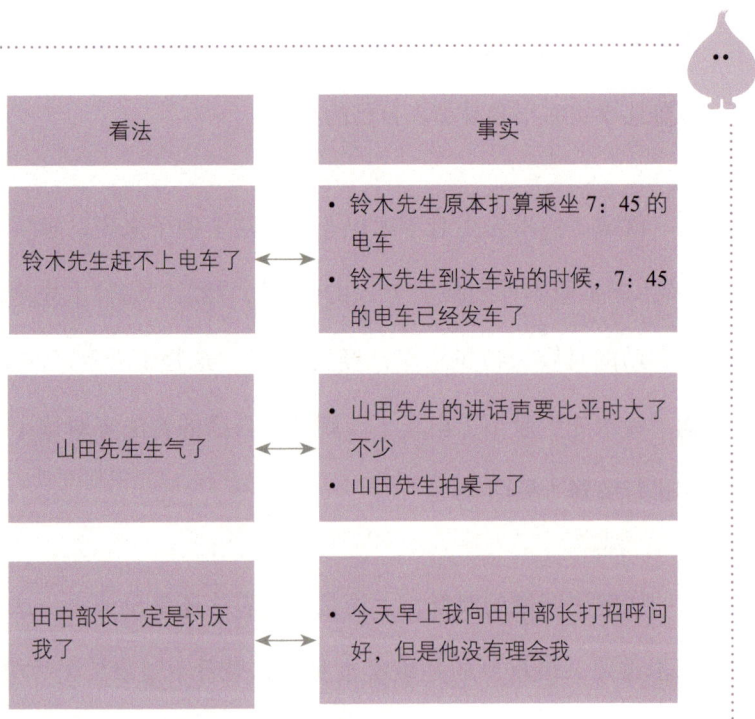

| 看法 | | 事实 |
|------|---|------|
| 铃木先生赶不上电车了 | ↔ | • 铃木先生原本打算乘坐 7：45 的电车<br>• 铃木先生到达车站的时候，7：45 的电车已经发车了 |
| 山田先生生气了 | ↔ | • 山田先生的讲话声要比平时大了不少<br>• 山田先生拍桌子了 |
| 田中部长一定是讨厌我了 | ↔ | • 今天早上我向田中部长打招呼问好，但是他没有理会我 |

图 49　看法与事实的区别

人的主观臆测。真正的事实是"我向田中部长打招呼了"，且
"田中部长没有向我打招呼"，就这么简单。真正的事实不应
该掺杂任何主观色彩，而应该是保持中立的。当可以用中立
的态度来面对现实的时候，我们的精神也可以保持中立。总
的来说，解决问题的关键就在于尊重事实。

## 输入与输出的结构化

下面为大家介绍一下将"输入与输出"的关系进行结构
化处理的方法。想弄清输入与输出的结构，最常用的方法就
是画流程图。

为了方便理解，举一个简单的例子，我们一起来看一下
制作咖喱盖饭的流程（见图 50）。首先，需要输入的原材料
是"胡萝卜、洋葱、土豆、肉"，这些原材料都是可以在超
市买到的。接下来要做的就是，将原材料加工成方便食用的
大小。这时只是改变了原材料的形状而没有使其发生任何实

最终成品
咖喱盖饭

⑤把浇头浇在米饭上

输出

半成品
浇头

原材料
咖喱粉
水

③将咖喱粉、水、原材料放入锅中一起煮熟

输入

半成品
米饭

④将米放入水中并加热

输出

原材料
米
水

输入

①加工成方便食用的大小

原材料
胡萝卜
洋葱
土豆
肉

输入
输出

②小火炒熟

输入

输出

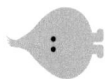

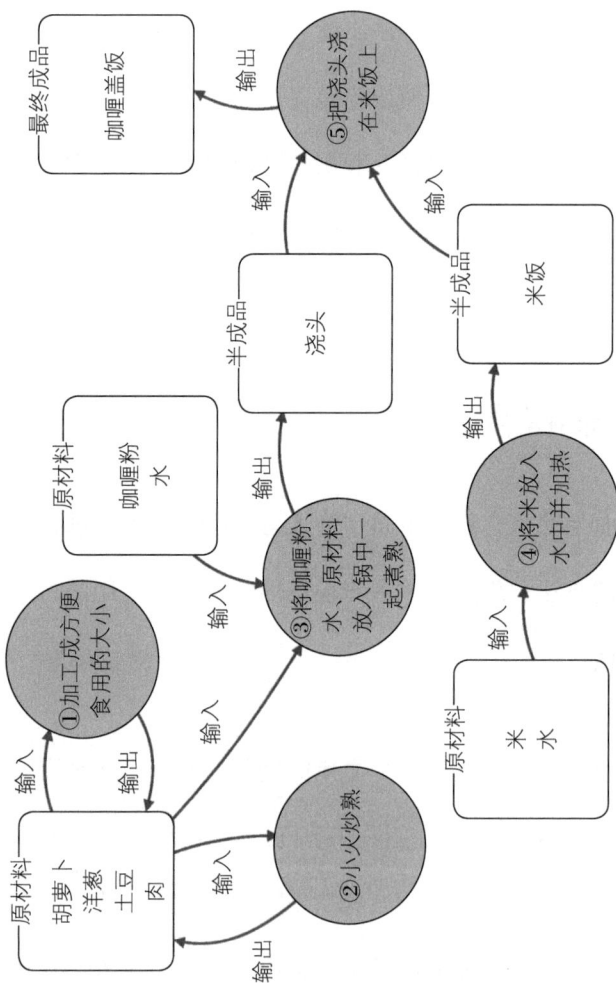

图 50　咖喱盖饭制作流程

170

质性的变化，因此箭头的指向还是回到了"原材料"。加工成适合食用大小的胡萝卜和土豆再次变成了"输入"，接下来要用小火炒熟。得到的"输出"就是"炒制过后的胡萝卜和土豆"。因为到目前为止原材料的变化都不是很大，所以箭头还是回到"原材料"那一项。紧接着是将咖喱粉、水、原材料放入锅中一起煮熟。这时候的"输入"是刚才准备好的"炒制过后的胡萝卜和土豆"以及咖喱粉和水。因为煮过以后原材料的形状会发生变化，所以在这个环节得到的"输出"是被称作"浇头"的半成品。然后将米放入水中并加热，这一步是与前三个步骤同时进行的，我们将通过这种方式得到米饭。这时的"输入"就变成了作为半成品的浇头和米饭，最后把浇头浇在米饭上。这样一来就得到了最终成品——咖喱盖饭。是不是很简单呢？

在画流程图的时候，最需要注意的就是将输入与输出的关系进行结构化处理，而不是简单地给流程进行排序。但事实却是将近90%的人都会忽视输入与输出的关系而只把眼光盯在顺序的排列上。这样一来，将很难搞清楚各个流程之间的逻辑关系。

如果只关注顺序，刚才制作咖喱盖饭的流程可以画成图 51 的样子，就按照"蒸米饭""切菜""炒菜""煮菜""装盘"的顺序排列，如此看来好像也没什么大问题。但如果只关注顺序，就很难搞清楚各个流程与最终成品之间的关系，以及各个流程之间的相互作用。用输入与输出的方法来描述，可以建立起烹煮原材料以及加热米和水得到的半成品与最后的装盘流程之间的联系，并且一目了然。但是若像这样单纯地用顺序来表述，就无法看清它们之间的关系。

可能有人会说做咖喱盖饭这么简单的事，即使不进行可视化处理也都能搞清楚。但我们平时所从事的很多工程类的工作都是以前没有做过的，因此如果分不清各个流程之间的相互作用就会出现工程进行到一半才发现还有一部分前期准备工作没有做到位的情况。

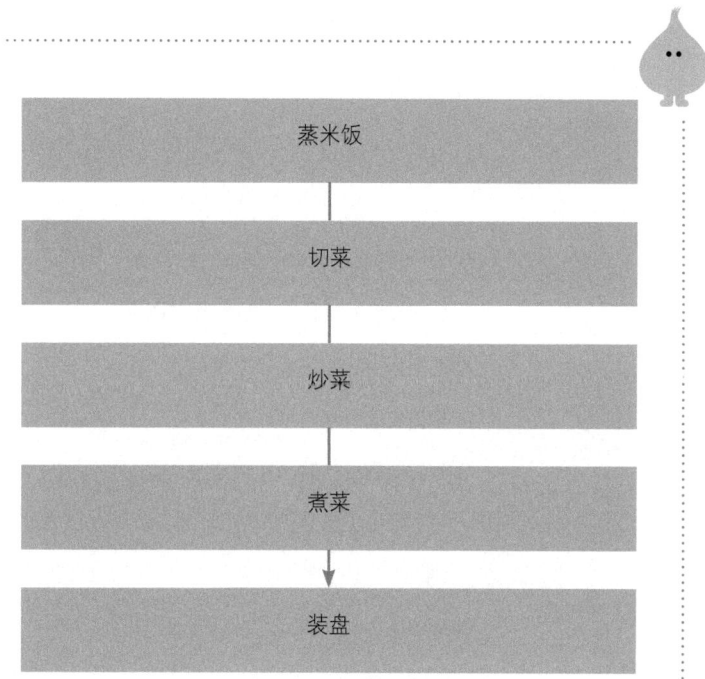

**图 51 只关注顺序**

只关注顺序的另一个坏处就是有一些顺序看起来没有问题，但在现实生活中根本无法执行。例如，在浇头和米饭都还没有做好的情况下是无法进行装盘的。但是从流程图的顺序上来看，煮菜之后就可以立马装盘了。发生这种情况的原因就在于只关注顺序的流程图，无法表达没有米饭就不能装盘的现实情况（见图 52）。

- 无法看到流程与成品之间的相互作用

  → 可以画出实际操作中无法实施的顺序

  → 看不到作为输入的必要原材料

  → 不知道中间有哪些半成品

  → 看不到问题发生时的影响范围

- 难以模拟

  → 很难准确表述之前没有做过的事

  → 难以预见风险

图 52　只关注顺序所带来的缺陷

用工程管理的语言来表述，"蒸米饭"与"装盘"之间是"结束 - 开始"的关系，而用顺序流程图来表达，这一点是无法体现出来的。

如果看不到流程与最终成品以及流程相互之间的作用，连模拟操作都很难实现。我们在做模拟操作的时候必须考虑"做什么、怎么做、相互间有什么联系"，然后在模拟的过程中发现问题与风险。设计流程的最大目的是减少不确定性的发生。因此，十分有必要在事前就排除各种模糊的流程。如果运用输入与输出之间的关系来描绘流程图，就不容易出现模棱两可的情况了。比如说可以用很多种方法来表述"蒸米饭"这一流程，但用输入与输出的方式来表达，就是输入米和水，然后输出米饭，这中间唯一的流程就是加热。这样就更加明确易懂了。

## 流程图表述法

下面围绕如何写书，再举一个关于流程图的例子（见图 53）。其实这个案例所描绘的正是我写这本书的整个过程。一提到写书，我估计大家的脑海中会出现埋头奋笔疾书的画面，但实际上在写书的过程中，真正动笔写字的过程只占用了很少一部分时间。

自己拥有的才华和技能

5 寻找能打动读者的切入点和关键词

切入点关键词

重复

6 选择切入点和关键词

编辑的视角

问题清单

思路清单

8 优化章节

4 给出解决问题的思路

3 列举读者的困惑

7 用简洁的语言将信息传递给读者

复制

生成目录

9 展示卖点

10 充实文章

功能分析系统图

画像

编辑会

承认/否认

计划书

原稿

11 修改文章

13 交给排版

1 分析市场需要的功能

2 肯定/否定

校样

12 修正错别字

14 印刷

样书

同类图书

书店的动态

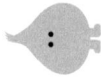

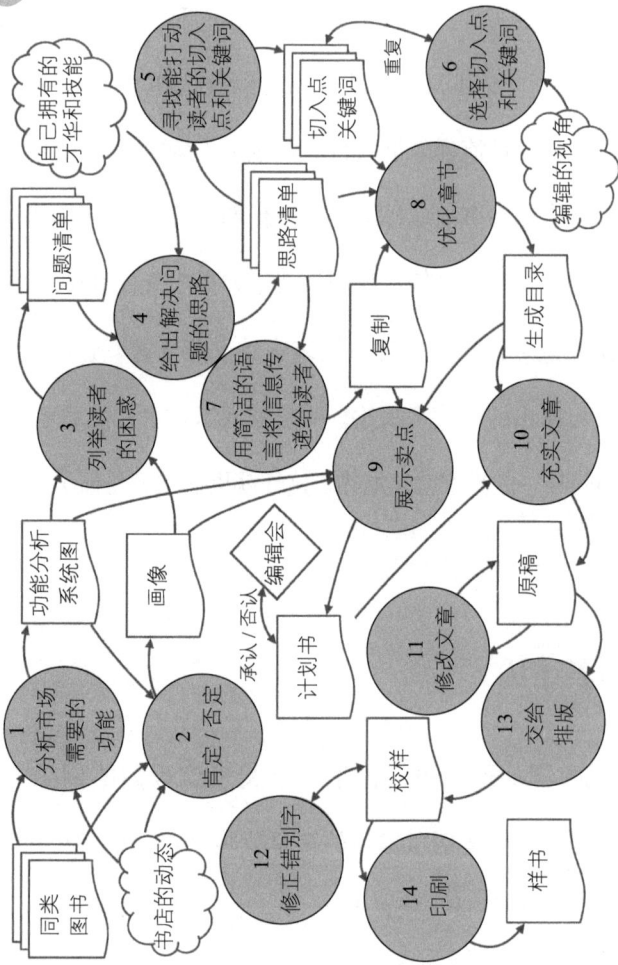

图 53 著书的流程

　　我会去书店看有哪些最新上架的图书，也会观察不同的读者都会购买什么样的书籍，还会与出版社的编辑碰面。通过出版社的编辑可以得到畅销书的数据，并可以通过对数据进行分析，了解具有什么功能的书才是市场和读者最需要的。通常我会用功能分析系统图（FAST 图）来表述对功能的分析结果。用树状图来表示功能中"目的 - 方法"的逻辑关系也是价值工程中的一种常用方法。

　　另一方面，要确认目标读者，也就是弄清楚这本书是面向哪一类人群的。这个时候脑海中往往会想象某一个具体的人，如"35 岁的已婚男性，家中有妻子和孩子，周末会和家人到公园郊游，没有自己独立的思考时间"。我们把这种类似于简历的，对目标读者的具体印象叫作"读者画像"。通过对读者进行具体分析，可以了解他们的困惑在哪里，抑或了解他们有什么样的难题。比如，可以通过这种方法来判断一个人是否善于写作。

通过输入 FAST 图和"读者画像",可以快速发现读者的困惑在哪里。当我们思考他们为什么而感到困惑时,就可以列出问题清单。当我们将问题清单与既有知识和技能进行组合,问题的解决思路也就会自然而然地展现在眼前了。这时就可以输出对策清单了。

但只是简单地将对策清单进行整理和记述是无法写成一本书的,可能辛辛苦苦写了那么多字最终却无人问津。因此在写书之前,一定要找到一个好的切入点。这本书所针对的就是"不会写文件""不知道怎么进行讨论""不会调动下属"等职场中的实际问题。但切入点不是问读者是否存在困惑而是向大家传授思考的技能。因为切入点能否打动读者十分重要,所以一般情况下我会列出多个切入点,然后在与编辑交流讨论之后选出一个最合适的进行展开。

确定好切入点以后,下一步就需要考虑目录了。确定目录的过程就相当于拟订一份企划书。在企划书中要说明将来会畅销的依据、说明市场对这一问题存在的困惑、说明我们的观点符合社会的需求，最后企划书会拿到编辑讨论会上进行讨论，看看这本书能否出版。而这一过程可以说是作者完全无法掌控的。因此，即使你已经是多本畅销书的作者了，在等待企划案讨论结果的时候依然还是会感到紧张。

当讨论会的结果是"Yes"的时候，就可以开始动笔写文章了。在这之前我们是一个字也不会写的。根据我的经验，如果写一本书需要1年的时间，那么前期的企划和讨论工作大概要占到8个月，而真正的文字工作只用2～3个月的时间。在这之后还要走编辑、校对、印刷等一系列的流程。

我把写书的流程大致介绍了一下，不知道各位读者是否还有不清楚的地方。我将"用什么材料、如何加工、会输出什么样的成果、相互之间的关系"都进行了可视化的处理，所以大家应该能看明白我是如何一步步推进的，这也正得益于我对"输入 - 输出"这一关系的结构化处理。

在整个解决问题的流程中，"正式实施"是第七个步骤。而在正式实施时需要的思考技能就是"输入 - 输出"。只要我们将"输入 - 输出"的关系进行结构化处理，什么必须做、什么不能做就会变得一目了然。在进行工程设计之前就应该将输入与输出的关系进行整理，然后通过绘制流程图来理清思路。同时，这也是可以与别人开展讨论的理论基础。在做完这些工作以后，我们可以很明确地告诉对方在输入的时候要做好哪些工作才会有把握得到想要的输出。

在我们的工作中，尤其在很多达成协议的场合都能见到流程图的"身影"，或者也可以说流程图活跃在众多达成共识的场景中。在进行工程管理时，没有什么比能达成共识更重要的了。所谓达成共识就是大家对某一事物的理解是一致的，如对工程的目标、推进方法、要求、重点完全认同。工程的所有有关事项都必须在各个股东之间达成共识，以前就发生过因为股东意见不合而导致工程无法顺利推进的情况。

　　举个例子，客户觉得更改合作协议是无法避免的事情，所以他们认为我们在遇到问题的时候一般都会灵活地处理，而系统开发商又觉得某些要求已经触碰到了他们的底线，所以需要客户付一笔额外的费用。这样一来，客户会觉得要额外收费就不应该承诺会灵活处理，而系统开发商则认为设立的底线已经远远低于当初的标准，如果越过底线就是一种不合理的要求。但是系统开发商与客户之间当初并没有围绕"什么是底线、底线的划定范围如何确认、越过底线会带来什么样的影响、在要求发生变更的时候需要走什么样的程序"等问题达成共识。

　　作为系统开发商，他们或许会认为这是客户的一种无理取闹。但事实却是双方在之前并没有对整个流程达成共识。如果从客户的角度出发，他们也会同样感到为难。那究竟应该由谁来制定一个完整的系统流程呢？我个人觉得这个工作应该由系统开发商来完成。据我所知，大部分的系统开发商都不会向客户详细地介绍开发流程。可能有一部分系统开发商确实做了说明，但是如果要问客户能否完全理解他们在说什么，那就要打个大大的问号了。无论你用的是 WBS 还是甘特图，都无法准确地对这一过程进行说明。可能这些东西对于系统开发商来说早已司空见惯，但对客户来说就完全是"一头雾水"。另外，WBS 和甘特图更多的是表示一种时间序列的关系，它们无法说明各部分会给结果带来什么样的影响。

我在给系统开发商的管理层做援助和咨询工作时，必定会采用画流程图的方法。因为流程图完全可以起到协助交流的作用。我会当着大家的面直接在白板上绘制流程图，内容大致就是"需要输入什么、如何变化、如何处理、会输出什么"。我可以通过流程图与大家分享已得到的输出会成为哪个流程的输入。

因为流程图表达的是一种输入与输出的关系，所以产生的每一个步骤都是一目了然的。这样一来，用户自己就会自然而然地意识到对流程的讨论要远远重要于对最终成品的讨论。有时客户会推迟向我们转交半成品，如果我们可以向客户说清楚这个半成品要用在哪一个流程，并且这一流程推迟会带来整个项目的延迟，我相信客户的态度是会发生转变的。

当遇到难题，或者发生利害关系冲突时，流程图将会是最佳的解决方法。当系统需要由多个软件开发商共同开发时，我们遇到的最大问题就是要保证操作界面的统一，因此这时必须有一些软件开发商做出改变。当然，对于软件开发商来说谁也不希望做这种出力不讨好的工作。如果有人去问谁愿意主动更改，我相信是没有人会愿意站出来的，即便是客户，也很难指定要某一方做出让步。这样一来，就陷入了谁也不愿意迈出第一步的窘境，似乎能做的就只有先把这个问题放一放，留待日后再做讨论。可当项目快要到期的时候，还是不得不面对这个棘手的问题。导致该问题的原因就在于在必须达成共识的时候，却因为没有人主导而导致共识无法达成。

但是，即使无法给出最终的方案，依然还是可以讨论制定方案的具体方法。首先，可以先找出需要进行讨论的流程，进行评估以后确定执行标准，也就是说在讨论如何制定方案这一点上还是可以达成共识的。

就比如刚才举的例子，可以先讨论各个软件开发商界面的变更分别会带来哪些影响、影响范围和影响力有多大、会产生哪些额外的工作等问题。这样一来，就可以围绕在今后的系统维护和系统使用的过程中给谁带来的影响最大而展开讨论。在此基础之上，还可以探究应该由某一家软件开发商独立做出变更比较好，还是由多家一起做出变更比较好等一系列问题，或是寻找其他的解决办法。如果使用流程图来分析这个问题，就可以就哪个步骤会起到决定性作用而达成共识。所以说，让某一个软件开发商主动做出让步是很难实现的，他们之间就好像是一条条的平行线，永远也不会有交点。但如果是让大家一起讨论具体该如何解决问题，我相信是没有人会提出反对意见的。

到目前为止，我向大家详细地介绍了流程图的基本原理。

它的本质就是"输入-输出"的逻辑关系，因此流程图中的每一个步骤都可以用输入或输出来表示。

## 论证的结构

### 1. 三段论法

下面和大家聊一聊"论证"的结构。所谓论证就是使用一些依据和前提条件来证明某一个主张或者结论是正确的。它主要可以分为"演绎"和"归纳"两个大类。

所谓演绎就是根据一般法则来推导出某一结论。例如，因为"狗是一种会叫的动物""宠物狗是狗的一种"，所以"宠物狗也是会叫的"。这是典型的三段论结构。

"狗是一种会叫的动物"是大家公认的一般性法则，不会叫的狗基本上是不存在的。或许会有极个别品种的狗不会叫，但这并不会对常识性理解带来太大的影响。前提条件是"宠物狗是狗的一种"。因为狗会叫且宠物狗是狗的一种，所以宠物狗会叫。这种根据一般法则推导出个别结论的方法就是演绎。

而归纳和演绎是截然相反的，前者是一个从各种现象中找出一般法则的过程，简单来说就是从个性中找到事物的共性。归纳的开头是比较特殊的，它必须从一个个案例开始入手，归纳的过程是从分析不同的个案开始的。因为"宠物狗会叫""柴犬会叫""这种狗也会叫，那种狗也会叫"，所以得出结论"狗是一种会叫的动物"。而我们能举出的所有会叫的狗都属于个别案例。

归纳的缺点在于所有论证都只能停留在假设上。无论举出多少个可以证明观点的个别案例，只要有一个反例出现那么论证就是无效的。哪怕只有一种狗是不会叫的，或者发现有一种狗可以说人类的语言，那么论证就会被全盘推翻。因此，在商业领域当中，对演绎法的使用频率要远远高于归纳法。

演绎法当中最有名的就是三段论法了。说到三段论，人们经常会想到这样一个例子。大前提是"人一定会死亡"，前提是"张三是人"，结论是"张三一定会死亡"，这是在进行论证时最常用的一种形式。当你想向对方传达信息时，采用这种大前提、前提以及结论的形式将会是一种非常有效的方法。我相信在很多关于逻辑思考的书里一定都会有相关记述（见图 54）。

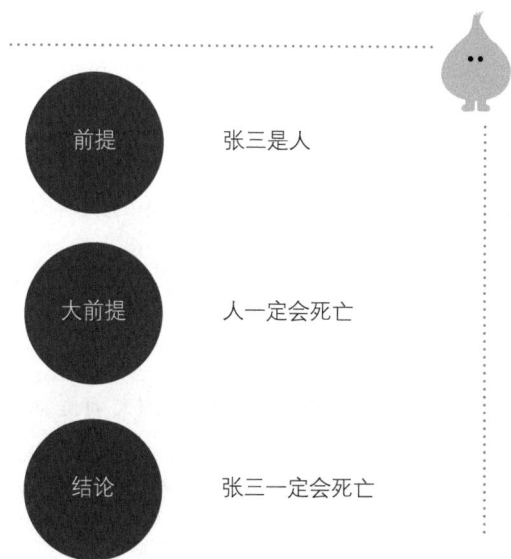

图 54　论证的结构（三段论法）

## 2. 三段论法无法在商业领域中使用

　　然而我们经常采用的三段论法是有一定使用范围的。也就是说首先要符合一个大前提，然后在确保前提真实性的条件下，大前提中所涵盖的内容才有可能都是真实的。然而，这种方法在商业领域当中却无法完全适用。例如，"经营能力强的公司会发展得好"，且"A 公司有很强的经营能力"，所以"A 公司会发展得很好"。从表面上看来，这是完全符合三段论的。但关键就在于真的是这样吗？就好像我们说"人一定会死亡"是一个大前提，或许在这个世界上的确存在可以长生不老的人，但谁也没有见过这样的人，所以只能姑且认为"人一定会死亡"就是真的。但没有 100% 的把握说"经营能力强的公司一定会发展得好"。在商业领域当中，所有人都明白这个道理。因此这个三段论中的大前提就不具有真实性（见图 55 ）。

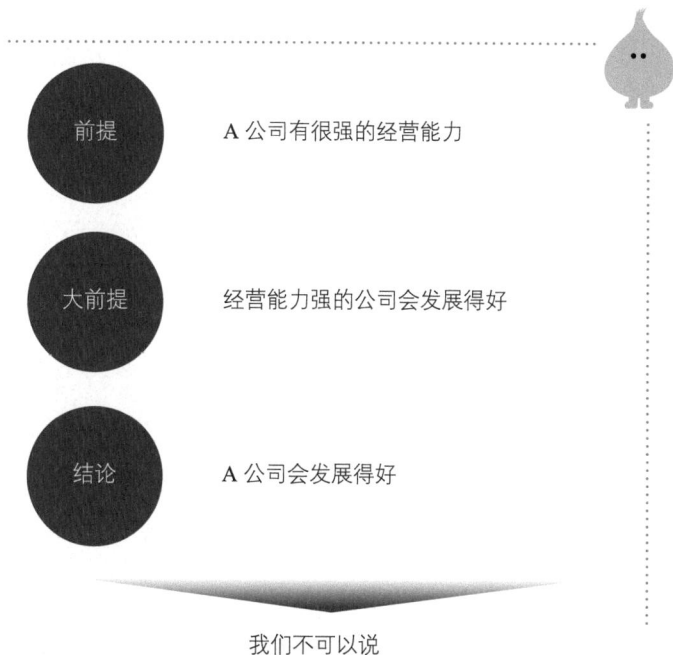

| | |
|---|---|
| 前提 | A 公司有很强的经营能力 |
| 大前提 | 经营能力强的公司会发展得好 |
| 结论 | A 公司会发展得好 |

我们不可以说

**图 55　三段论法的局限性**

在逻辑学中，人们经常讨论的课题就是"所有的 A 都是 B"或者"任何一个 A 都不是 B"。但在现实中是没有这么多绝对性的。特别是在商业领域中，很难肯定地说"所有的 A 都是 B"或是"任何一个 A 都不是 B"。实际上在商业领域的论证中，可以说"基本上所有的 A 都是 B""基本上所有的 A 都不是 B""大约百分之多少的 A 是 B""大约百分之多少的 A 不是 B"。

三段论法的逻辑就是当大前提和前提都正确无误的情况下，我们是可以得出结论的。反之，当大前提和前提都无法确保 100% 真实性时，最后推导出来的结论也必然不可能是 100% 正确的。这就是为什么三段论法很难适用于商业领域的原因所在。

## 3. 弥补三段论法欠缺的图尔敏模型

图尔敏提出三段论法是存在一定缺陷的。他在 1958 年出版的《论证的使用》一书中针对现有的三段论逻辑学提出了全新的论证结构。这就是图尔敏模型（见图 56）。

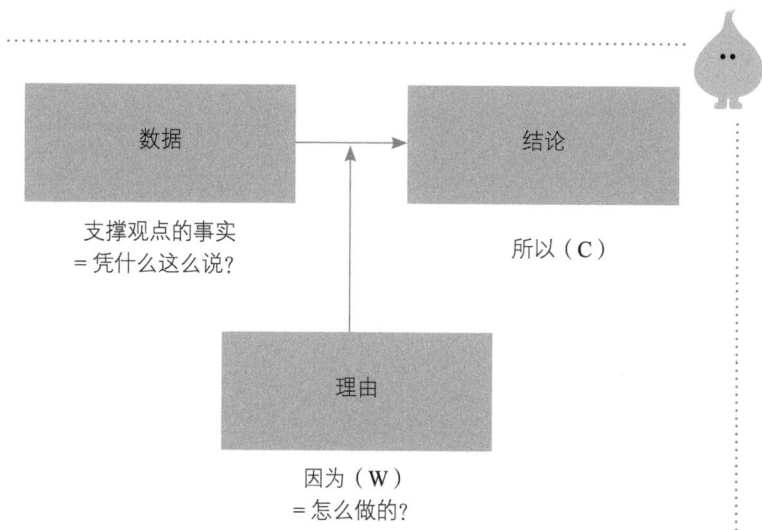

图56 论证的结构（图尔敏模型）

　　图尔敏模型的基本结构由"数据（Data）""理由（Warrant）""结论（Claim）"三个部分组成。所谓结论就是想表达的内容或者主张，而结论的来源则是数据。数据是一些帮助我们得出结论的事实。也就是说，数据可以用来解释为什么会得出这样的结论。但有了数据是否就一定可以得到结论呢？在很多情况下答案是否定的。而这其中最必不可少的就是理由。理由在数据与结论之间起到桥梁的作用，它可以告诉我们到底该如何解释这些数据。

例如，因为"山田太郎的父母是日本人"，所以"山田太郎是日本人"。它们之间的桥梁就是"如果父母是日本人的话，生出来的孩子一定是日本人（如果不特意更改国籍）"这个隐形的前提。而这就是我们所说的理由（见图 57）。

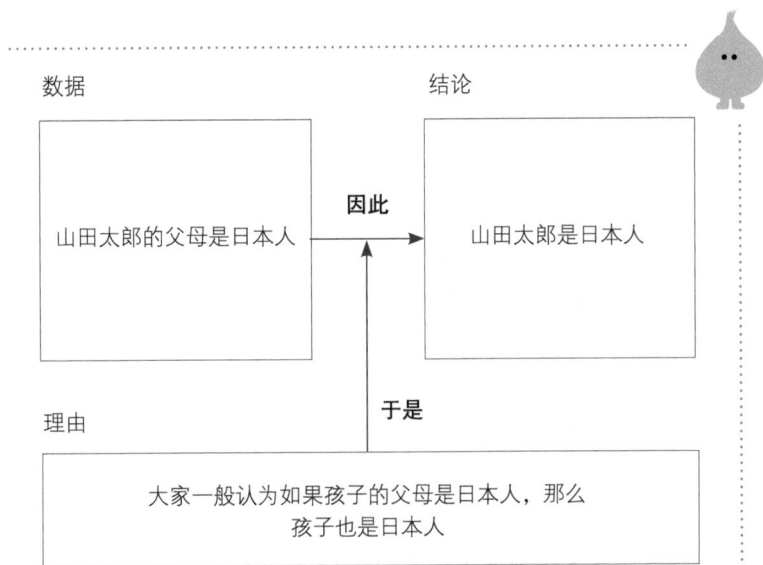

图 57　论证"山田太郎是日本人"

图尔敏认为将数据、理由和结论进行明确的区分是十分重要的。为什么有些人无法向对方准确表达自己的观点呢？原因就在于他们只说了结论或者只说了数据和结论而没有给出理由。由此可见，在向对方传递信息的时候，理由是不可或缺的部分。

假如某件商品一直以来销量都很好，但近期其营业额增长率开始出现放缓的迹象，于是你认为面对这好不容易拓展的市场，应该利用多年来积累下来的经验和知名度向市场投放新的产品。但实际上，我们无法确认增长率是否出现了放缓，也无法明确是否应该投放新的产品。这个时候就可以从"数据""理由""结论"这三个要素出发来推动进一步的思考了。

我们的"结论"是"应该利用多年来积累下来的经验和知名度向市场投放新的产品"。接下来就要考虑"数据"和"理由"了。

首先，应该收集哪些数据呢？我们经常会问营销人员，消费者的最新需求是什么。有的营销人员会觉得自己的产品很受大家喜欢，有的则认为自己的产品在市场中已经基本饱和。而这些只有在做完进一步的调查以后才有可能掌握得到，所以需要先将调查到的内容作为数据进行处理。如果去查阅营业额数据，可以了解到"最近几年营业额增长率下降、最近五年营业额增长率为负""市场占有率保持在45%"等一系列最直接的数据。

当收集好数据以后，我们会遇到的最棘手的问题就是"然后呢？"通过对数据进行分析，是可以推导出一些结论的，而这正是刚才所提到的"理由"。虽然营业额的增长率在下降，但只下降了1%，因此可以认为销售规模没有受到太大的影响。虽然续约率有所下降，但也并不意味着需求完全消失。我们可以把这种情况的出现解释为由于既有商品已进入成熟期，市场出现了饱和。另外，市场占有率保持在45%，说明产品有着较高的知名度。因此还可以继续在品牌建设上寻找突破口。

这样一来，我们就集齐了"数据""理由"和"结论"三个要素。通过收集数据，可以思考数据能够说明哪些问题，并在此基础之上导出结论。当这三个要素同时具备时，说服力也会大大增强（见图 58）。

针对上述情况，大部分人会很轻易地给出一些"没有理由支撑的结论"，或者提出一些"没有数据支撑的理由"。当营业额的增长率开始下降这一事实已经发生的时候，一般人的第一反应就是应该开发新的商品了。但实际上，我们必须先搞清楚究竟为什么会出现下降。也许有些人会说是因为市场已经开始饱和，但如果没有实实在在的数据作为支撑，我们仍然要先问自己"为什么"。

我经常会在各种报告中发现类似的问题，很多人往往在列出一大堆数据以后就说自己的公司可以给出问题的解决方案，但他们并没有给出任何相关数据来说明问题的关键所在，

数据

现有商品近 5 年的销售额平均增长率为 -1%
在之前的 5 年间，年均增长率为 15%
合同的更新率为 95%
市场占有率为 45%
客户满意度为 92% ~ 95%
对新解决方案的渴望越来越强烈

理由

- 现有商品已经进入成熟期，市场已经饱和
- 客户已经开始把目光转向新的问题
- 与开拓新的市场相比，将新商品投放到认知度较高的市场的成功率会更高

结论

充分利用长期以来积累的专业知识和对市场的认知向现有市场投放新的商品

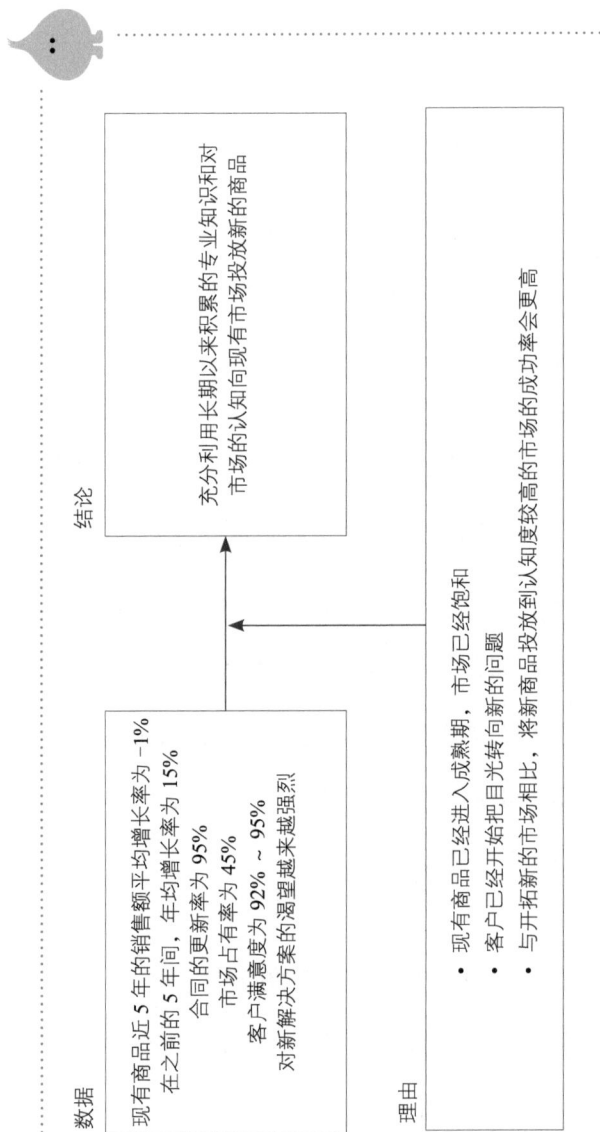

图 58　论证 "应该向市场投放新的产品" 问题

更没有数据能解释他们是如何进行思考的，而只是提出了各种理由而已。其根本目的就是告诉客户一个结论，那就是"我可以帮助你解决问题"。

无论是做报告还是进行小组讨论，但凡需要使用逻辑思维与对方进行沟通的时候，都必须将数据是什么、理由是什么、结论是什么这三点结合起来统筹考虑。反过来，当我们在听对方发言时或许会觉得有些地方很奇怪。那么就可以从他给出的数据、理由和结论入手，找出问题所在。其实所谓的讨论就是确认对方所说的数据是否真实，以及判断对方给出的理由能否在数据和结论之间起到桥梁的作用。

很多做咨询工作的人都喜欢用一个叫作"天空、雨、伞"的例子来说明这种结构关系，具体内容如下。

天空……西边的天空好像积云了

雨……今天可能会下雨吧

伞……今天出门最好还是带把伞

其实这里的天空对应的就是数据，雨对应的就是理由，而伞对应的则是结论。天空、雨和伞三者之间的框架结构关系就是雨在天空和伞之间架起了一座桥梁，并将这两个事物进行合理的连接。如果能意识到这样一个结构的存在，思考过程也许会变得更加简单。

## 4. 图尔敏模型将要素增加到六个

论证的基本结构由"数据""理由""结论"三个要素组成，而图尔敏将这一结构进行了精细化的处理。他认为除了数据、理由和结论以外，还有很多东西值得我们去深入探究。于是他又补充了"背景""修饰词"和"有所保留"这三个要素（见图 59）。

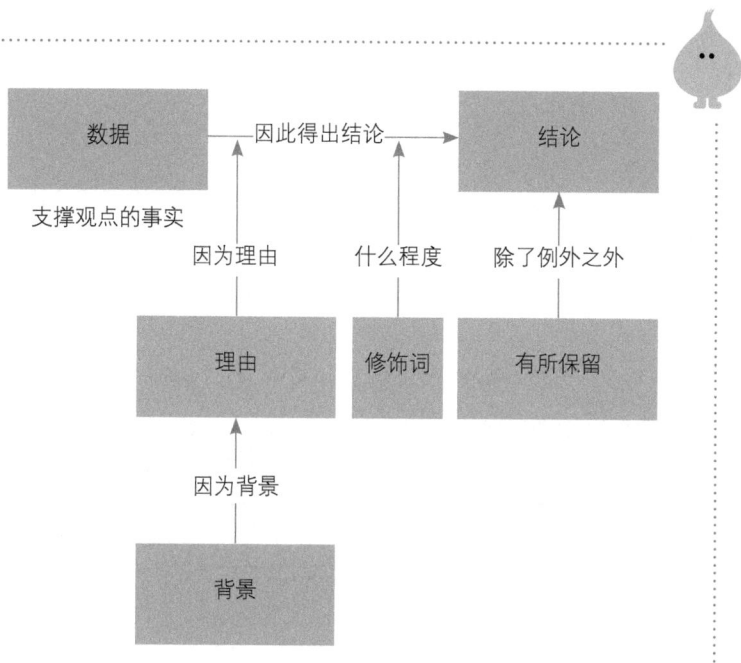

**图 59　论证的结构（图尔敏模型）**

　　如果用此结构来表示刚才所说的"山田太郎是日本人"这个例子，就变成了"山田太郎是日本人。为什么？因为他的父母是日本人。父母是日本人的话，孩子也应该是日本人吧。所以山田太郎是日本人"（见图 60）。

D（数据）　　　　　　Q（修饰词）C（主张）

| | | |
|---|---|---|
| 山田太郎的父母<br>是日本人 | 基本<br>可以<br>肯定 | 山田太郎是日本人 |

W（理由）　　　　　　　　　R（有所<br>保留）

大家一般认为父母是日本人，那么孩子也是日本人

B（背景）

从常理上来说，父母是日本国籍，那么孩子也是日本国籍

如果出生后，没有更换过国籍

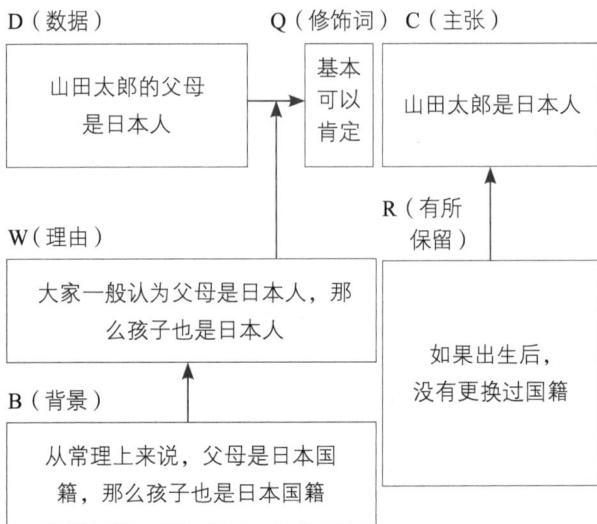

图 60　论证"山田太郎是日本人"（六要素版本）

　　逻辑学的课题就是"所有的 A 都是 B"和"任何一个 A 都不是 B"，但这种情况在现实中基本上是不存在的。特别是在商业领域中，很少说"所有的 A 都是 B"或者"任何一个 A 都不是 B"这样绝对的话。

通常情况下，在商业领域的论证中会说类似于"基本上所有的 A 都是 B""基本上所有的 A 都不是 B""大约百分之多少的 A 是 B""大约百分之多少的 A 不是 B"这样的话，但我们十分有必要表达清楚程度到底有多深。这时，修饰词就派上用场了。以山田太郎的情况为例，就可以说成"山田太郎基本上就是个日本人。"

有所保留指的是将结论不成立的情况考虑在内。我们可以针对有可能发生的例外和对方有可能提出的反对意见先给出自己的答案。例如，"山田太郎的父母都是日本人，所以毫无疑问他也是日本人。但是，前提是他在出生以后没有更换过国籍。"这个"但是"就是我们所说的有所保留。也就是说事先把对方有可能想到的疑问都考虑在内，并有针对性地准备好答案。

下面让我们尝试用这六个要素来表示刚才提到的"应该向现有市场投放新产品"这一结论（见图 61）。

D（数据）

现有商品近 5 年的销售额平均增长率为 -1%
在之前的 5 年间，年均增长率为 15%
合同的更新率为 95%
市场占有率为 45%
客户满意度为 92%～95%
对新解决方案的渴望越来越强烈

W（理由）

• 现有商品已经进入成熟期，市场已经饱和
• 客户已经开始把目光转向新的问题
• 与开拓新的市场相比，将新商品投放到认知度较高的市场的成功率会更高

B（背景）

• 新的竞争对手和替代品还没有出现
• 已知竞争对手还在摸索和寻找新的解决方案
• 向现有市场进行推广的费用只有向新市场推广的五分之一

Q（修饰词）

胜算为
60%

C（结论）

充分利用长期以来积累的专业知识和对市场的认知向现有市场投放新的产品

R（有所保留）

除非无法核算新商品的市场规模

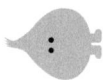

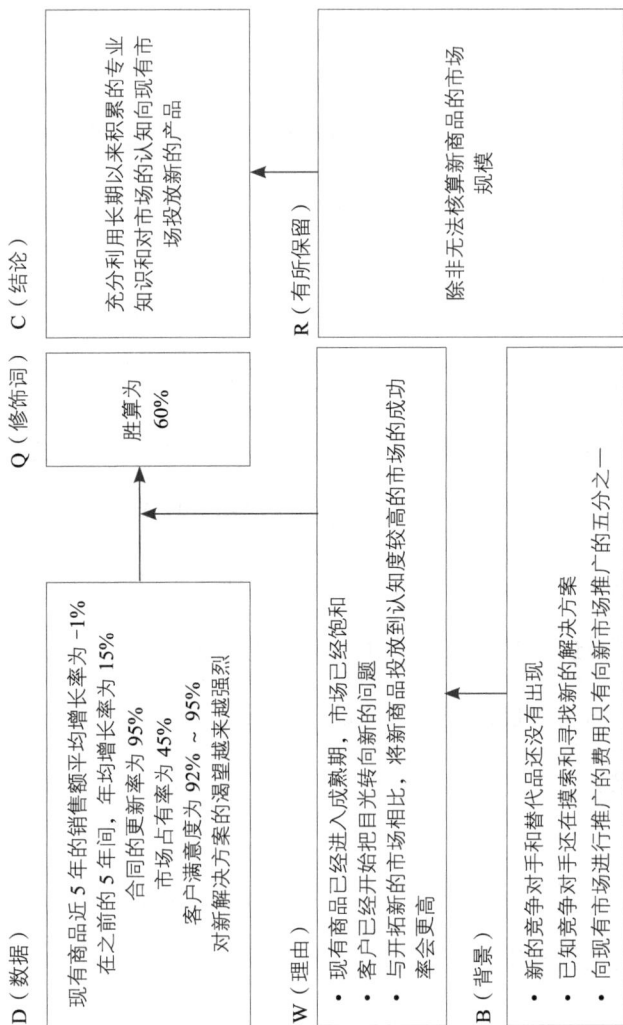

图 61 "应该向市场投放新的产品"（6 要素版本）

202

图尔敏模型的最大特点就是在思考的过程中要让大脑飞速运转，需要不停地思考"事实是什么""自己想说什么""它能说明什么""该怎么解释才能和结论联系起来""怎样行动才能和结论联系起来"等一系列问题。思考"有多大把握""还有没有例外"这样的问题就又加大了难度。但如果养成了这样的思考习惯，我们的说服力和表达能力就会有质的飞跃，这就是我们所说的"论证的结构"。

在向顾客做介绍之前就能把图尔敏模型所提到的那些要素都准备充分，将会大大增强说服力。我们要向对方传达的结论主要有以下三点："贵公司现在正处于什么样的境况""贵公司最近正在遇到哪些问题""贵公司具体该怎么做"。

## "新入职员工迟到"问题分析

接下来我想请各位读者来试着练习一下如何进行论证。讨论将围绕"新入职员工迟到"这一问题展开，这是我不久之前偶然在网上看到的一个话题。很多人都在讨论"刚入职不久就迟到实在很不像话"或者"新入职的员工至少应该提前 30 分钟到公司"。在 Facebook 上还有"是绝对不允许有迟到行为存在的""作为一名职场新人很缺乏自觉性""不可能每个人都那么优秀"等各种观点。由此，我认为这是一个很好的素材。

我希望各位读者一起来论证一下"新入职的员工至少应该提前 30 分钟到公司"这一观点。请采用含有"数据""理由""结论"的图尔敏模型来论证。

## 一定要试试看

怎么样？相信大家在练习的过程中会发现很多东西无法用语言来描述，但这也是一种非常宝贵的经验。让自己真正用心地去体会一次深度思考是非常有意义的事情。数据就是"迟到新入职员工的数量不断增多已经成为一个很严重的问题"。虽然并没有掌握具体的增加量是多少，但这作为一个切入点确实值得引起关注。给出的结论是"新入职的员工至少应该提前30分钟到公司"。我们要做的就是给出一个理由，以便在现实问题和"应该提前30分钟到达"之间架起一座桥梁。我能想到的理由一共有四个，具体内容如下。

1. 因为新入职的员工在业务上还没有形成很强的战斗力，所以应该先将自己的干劲展现出来。

2. 早上提前到公司很容易遇到领导，与领导交流也是一种学习。

3. 对于职场新人来说，上班前做好充分的准备工作是十分有必要的。

4. 如果养成提前30分钟到达公司的习惯，因电车晚点而迟到的可能性也会大大降低。

理由可以起到桥梁的作用，也可以理解为"因为W所以C"。比如说"因为要展现出干劲，所以应该提前30分钟到公司""因为职场新人需要做大量的准备工作，所以应该提前30

分钟到公司""因为要保证即使电车出现晚点也不至于迟到，
所以应该提前 30 分钟到公司"（见图 62）。

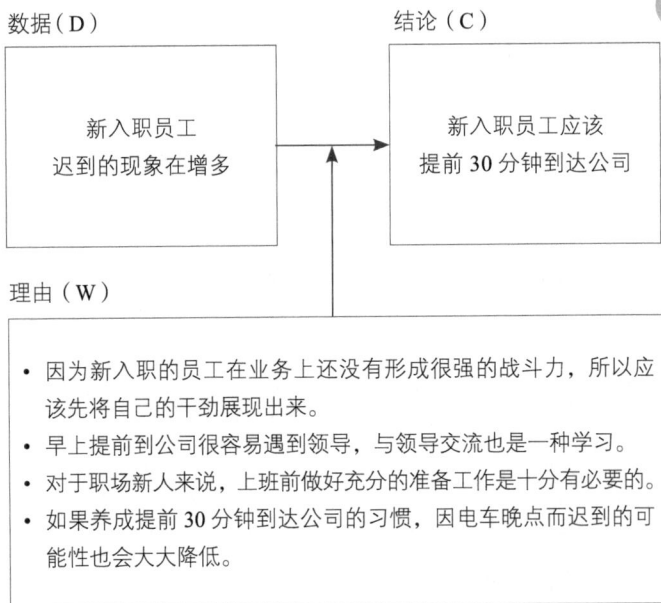

数据（D）

新入职员工
迟到的现象在增多

结论（C）

新入职员工应该
提前 30 分钟到达公司

理由（W）

* 因为新入职的员工在业务上还没有形成很强的战斗力，所以应
  该先将自己的干劲展现出来。
* 早上提前到公司很容易遇到领导，与领导交流也是一种学习。
* 对于职场新人来说，上班前做好充分的准备工作是十分有必要的。
* 如果养成提前 30 分钟到达公司的习惯，因电车晚点而迟到的可
  能性也会大大降低。

图 62　论证"新入职的员工至少应该提前 30 分钟到公司"问题

　　如果想使理由显得更加有说服力，还可以给出"拥有干
劲的人会得到更多的机会""经常迟到的职场人士会给他人留

下信用不良的印象""电车的晚点问题大多在 30 分钟内都会
得到解决（具体数据不详）"等一系列的"背景"。

　　要想进行结构化论证，就必须充分意识到应该给出客观
的数据、不要只盯着结果展开讨论，同时还应该注意到只有
数据而没有理由将无法进行深入的讨论。因此，我们应该尽
可能地多收集数据，然后用大家都可以接受的理由在数据和
结论之间搭起一座桥梁（见图 63）。

- 给出客观的数据
- 不要只盯着结果展开讨论
- 只有数据而没有理由将无法进行深入的讨论
- 尽可能地多收集数据，然后用大家都可以接受的理由在数据
  和结论之间搭起一座桥梁

**图 63　将论证结构化**

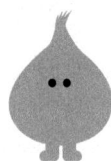

# 第 4 层思考：寻本质

必备思考技能 4：探寻本质规律

## 抽象的"梯子"

接下来我们进入深层思考的第四层，让我们来说说思考技能的第四项——探寻本质规律的能力。

所谓"探寻本质规律"也就是我们常说的"抽象化"。抽象化的关键内容就是将不同的东西看作同类的东西。而这个过程就是抽象化的过程。

抽象就是要去掉或舍弃一些具体的东西。比如人、狗、猫三者之间是截然不同的，但他们却都属于哺乳类动物。从这个角度来看，我们就舍弃了到底是两足动物还是四足动物、有尾巴还是没有尾巴等一些具体的要素。那么究竟哺乳类动物的共同特征是什么呢？维基百科上的解释是：哺乳动物就是有性繁殖、胎生、母乳喂养的动物，除此之外的所有特征全部都被舍弃了。舍弃掉不同点之后，我们在共同点的基础上给其贴上"哺乳类动物"的标签，这个过程就是探寻事物的本质。换言之，抽象化就是将不同的东西看作同类的东西，并且舍弃掉所有的不同点。

亲和图法是一种进行抽象化的方法。我们有时又把它称作"KJ 法"。亲和图法就是将意见一一写在不同的便笺上，将它们分组以后给每一组命名。这种方法虽然看起来比较简单，但实际上难度还是很大的。我们需要将相似的意见和相悖的意见进行分类，把相似的意见放在比较近的地方，并把相悖的意见放在比较远的地方。在这个过程中，最容易出现的错误就是用语言之间的联系对其进行分组。也就是说，明明是要找出事物的本质，却仅靠语言之间的联系就对它们进行了分组。

这里所说的相似和相悖指的就是一种抽象化的思考。而抽象化就必须"无视差异"。《思考与行动中的语言》一书对抽象化的相关内容进行了论述。作者认为抽象化就是只关注相同点而无视差异。虽然这本书不是新书，却十分值得一读，甚至可以说如果不读将会是一种损失，所以希望大家有时间一定要好好读一下。

作者在书中用一种抽象的"梯子"阐释了抽象化的流程（见图64）。例如，我们说"那里有一只宠物狗"。在这句话中，我们特指的是一只站在那边的狗，这是它和其他狗的区别，并且它的存在是独一无二的。虽然我们用了"宠物狗"这个词，但实际上只是一种称呼，或者可以理解为一个名字罢了。这并不是强调"那里存在着一只狗"这个事实。四只脚、有尾巴、毛色混杂、呼吸时伸出舌头，这样的叫作"狗"的生物与前文中的"宠物狗"，这两个词之间有着明显的不同。

6. 当把它们当作家庭中的成员时，基本上它们身上所有的动物特征都被忽视了

5. 除了狗之外，猫、鸟等动物有时候会被当作一种可以让主人身心放松的存在。这个时候我们就会忽视它们所属不同物种的特性

4. 我们剔除了宠物狗，太郎、约翰等这些狗的差异之后，给它们贴上了"狗"的标签，并且忽视了它们的所有特征

3. 我们把在2中感受到的生物叫作"宠物狗"。宠物狗这个名字并不是针对某个具体生物，而仅仅是给我们自己的感知贴了一个标签

2. 我们通过"看、摸"可以真实感觉到宠物狗的存在，但从感官上并不能感受到昨天的宠物狗与今天的宠物狗之间的细微差别

1. 宠物狗从物理层面上来说是真实存在的；从原子学和电子学的微观层面上看，它是一直在变化的，但是我们无法察觉。

6. 家庭成员
5. 宠物
4. 狗
3. 宠物狗

图 64　抽象的"梯子"　参考《思考与行动中的语言》（S.I.ハヤカワ）

其实，我们对站在那边的宠物狗的详细情况一无所知。昨天的宠物狗和今天的宠物狗也已经不一样了，它可能掉了一些毛发，肚子里装的食物也发生了变化。宠物狗每时每刻都在发生着变化，这样的状态从来就没有停止过。但就在这持续的变化之中，我们还是可以对它进行认知，并把它叫作"宠物狗"，这就是我们一直在说的抽象化。无论是昨天的宠物狗还是今天的宠物狗，哪怕是一年前的宠物狗，我们在忽视一部分差异之后统一将它们称作"宠物狗"。抽象化的第1步就是忽视差异、抛开差异。

宠物狗是狗的一类。有的狗的名字可能会叫"太郎""花子"或者"约翰"之类。它们的品种有可能是柴犬、秋田犬或斗牛犬。从外观上来看，它们是有很明显的区别的，但我们在忽视掉差异之后统一把它们称为"狗"。我们可以通过无视某些差异把狗分成柴犬和斗牛犬，还可以忽视更多的差异把它们统称为"狗"，这是抽象程度更高的表现。

如果将"狗"进行进一步的抽象化处理，就成了"宠物"。猫、鸟、乌龟都可以被当作宠物，但我们可以忽视它们所属的种类，把可以使主人开心愉悦的动物统称为宠物。如果要再进一步进行抽象化处理，我们可以把它们抽象为与家人每天生活在一起的"家庭成员"。

比较有意思的是，一个事物随着切入点的变化会被抽象成另外的事物。例如，在前文所举的例子中，最后我们将宠物狗抽象化为我们的家庭成员。而当切入点发生变化的时候，抽象的"梯子"的组成也会发生变化（见图65）。就好像宠物狗可以是柴犬，也可以是日本犬。在进行抽象化处理的时候，像这样不停地变换切入点从多个角度进行分析，有助于我们提高抽象化思考的能力。

亲和图法追求的就是抽象化、忽视差异的效果。我们的目的不是单纯地为了分类，而是将相似的东西进行分组。要弄清事物之间到底是相似的还是相悖的，完全依靠我们抽象

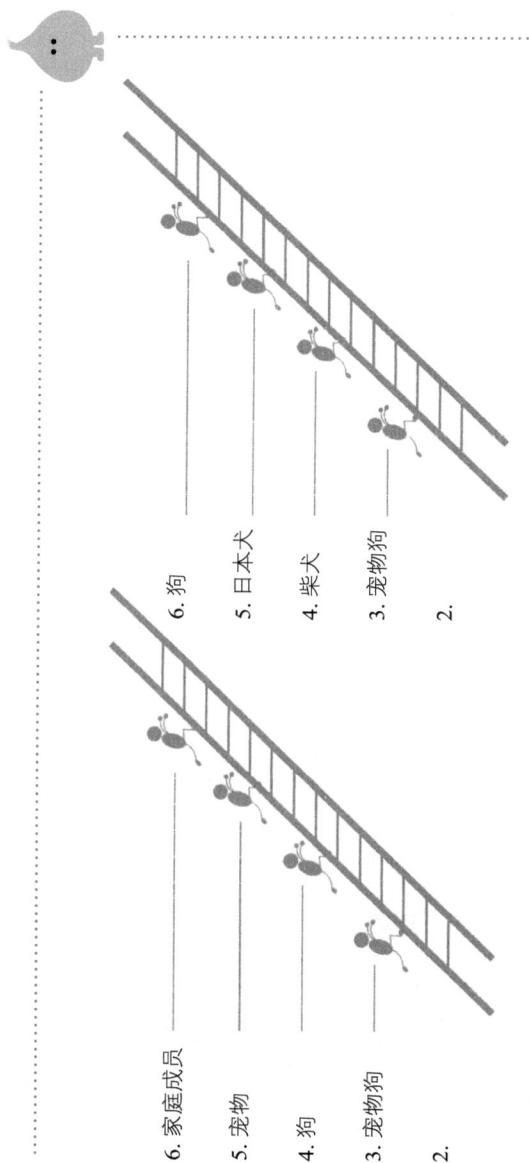

图65 抽象的"梯子"（随着切入点的改变，抽象的"梯子"也会发生内容上的改变）

6. 狗

5. 日本犬

4. 柴犬

3. 宠物狗

2.

6. 家庭成员

5. 宠物

4. 狗

3. 宠物狗

2.

思考的能力。比如，从某个切入点来说猫和狗是具有相似性的，但这需要我们具备抽象思考的能力才能判断。这是一种"is-a"的思考方法。反之，从"has-a"的角度来思考，这就是一个分类的过程了。从某种程度上说，将完全不相干的事物视为相似事物的能力是十分重要的。

在分析各个事物是相似还是相悖并进行分组之后，下一步要做的就是给它们命名。这个过程就是用一个词来给分组以后的事物起个名字。这项任务对于大部分人来说并不是一件容易的事。虽然用抽象化的思考方法找出了它们的相似和相悖之处，但是用语言来对它们进行描述的难度却更大。很多人在这个时候都会陷入一种"似乎懂了，却又难以用语言表达"的状态。我认为，要想具备这种能力，唯一的方法就是不断地进行练习。这时肯定会有人问"你这么说是什么意思呢？"

实际上，要想通过寻找事物间相似和相悖之处的方法进行分组，就必须提高抽象化的能力。虽然从外观上来看，秋田犬和斗牛犬长得完全不一样，但经过抽象化的思考，我们可以将它们都看作狗的一种。再比如秋田犬和橘猫这两种生物，一个是狗一个是猫，它们之间存在着很大的差异，但我们可以通过抽象化的处理把它们都归类为"宠物"。而对于某些人来说，昆虫也可能是他们的宠物。就在这样一个不断寻找相似和相悖之处的过程中，我们的抽象化程度也在不断地提高。

## 用"亲和图"法分析工作推进中出现的问题

在使用简化版的亲和图法时，最常听到的问题就是："你这么说是什么意思呢？"这时候就非常考验我们坚持思考的定力了。我们必须具备思考的体力和追求真知的执着。这要求我们在对方还没有恍然大悟之前必须不断地努力。

接下来，还是希望各位读者能按照我说的方法做一下尝试。请大家看图66。这张图上记录的是某项工程在推进过程

**表3**

| 发生了90%的综合征 | 将进度管理交给领队一人 |
| 团队间的交流沟通不足 | |

**表4**

| 质量保证流程于表面 | 文件格式与实际操作不符 |
| 在质量保证文件中投入过多工作量 | |

**表2**

| 质量管理流程中错误多发 | 完成程度的标准比较模糊 |
| 实际工作量远大于预期工作量 | 漏掉顾问提出的建议 |
| 各部门间的预期存在差异 | 没有工程规划 |

**表1**

| 组内的信息共享不充分 | 交流沟通不充分 |
| 无法充分掌握组成员的工作动态 | 无法充分掌握作业人员的工作进展 |

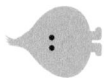

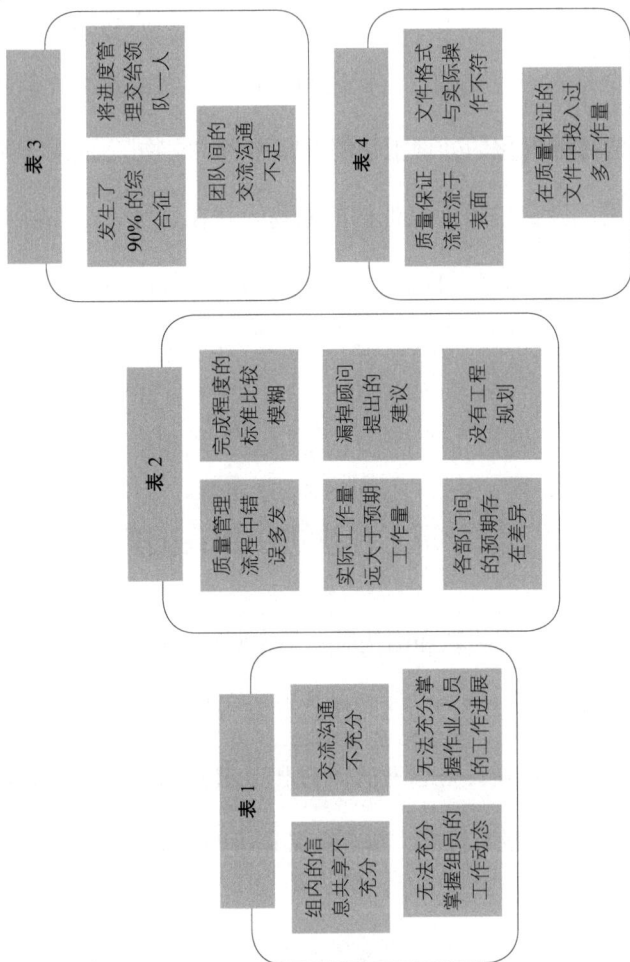

图 66 发现本质的能力（亲和图法）

中出现的各种问题，并把相似的问题进行了分组。分完组以后，我们把四张表格暂时分别命名为表1、表2、表3和表4。那么这四张表格的正确表述方式应该是什么呢？请大家找出各张表格内容的本质。我们可以试着问问自己"这是一个什么性质的问题"或者"这些数据究竟意味着什么"。

## 🌰 一定要试试看

大家做得怎么样？虽然看起来很简单，但实际上要想找出事物的本质还是很难的。其实我之前在咨询会和研修会的现场也曾提出过这个问题。最后，为了让所有人都能看懂第1张表就花了一个半小时的时间。在那一个半小时中，大家都在认真地思考。最后，终于看到所有人都恍然大悟。在深度思考中，这种坚持到底、不达目的不罢休的精神是非常宝贵的。

图67是我们通过思考得出的最终结论。最左边这一组的

缺少管理
- 发生了90%的综合症
- 将进度交给领队一人管理
- 团队间的交流沟通不足

手段的目的性不强
- 质量保证流程流于表面
- 文件格式与实际操作不符
- 在质量保证的文件中投入过多工作量

流程不健全
- 质量管理流程中错误多发
- 完成程度比较标准模糊
- 实际工作量远大于预期工作量
- 漏掉顾问提出的建议
- 各部门间的预期存在差异
- 没有工程规划

缺少交流环节
- 组内的信息共享不充分
- 交流沟通不充分
- 无法充分掌握组员的工作动态
- 无法充分掌握作业人员的工作进展

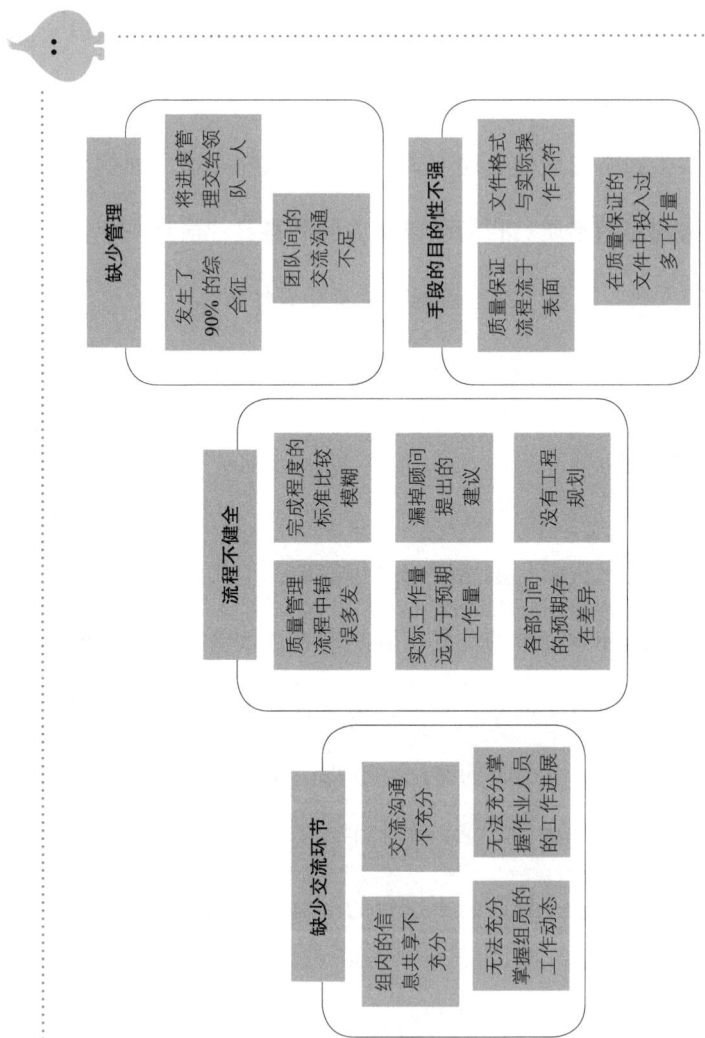

图 67　发现本质的能力

具体内容是："组内信息共享不充分""无法充分掌握组员的作业动态""交流不充分""无法充分掌握作业人员的工作进展"。那么这里的问题是什么呢？问题的本质又是什么呢？其实这已经不是简单的交流不充分的问题了。大家经过讨论后一致认为，其中根本就没有出现交流的过程。所以，无论是无法共享信息、不知道组员在做什么，还是不了解项目的进展情况，这一系列问题都是由于缺少交流环节所导致的。

单从"交流"这个词来看，其他组里也有"各个团队之间交流不充分"之类的表述。如果不采用概念化的思考方法就直接进行分类，大家很容易认为它也和"交流"相关联，就将它们分在同一组。这是一种错误的做法，因为各个团队之间交流不充分与组内成员间的信息共享不充分是截然不同的两码事。各个团队之间交流不充分的责任在于管理这些团队的经理。在各个团队之间进行信息共享以及做好各个团队之间的协调工作本来就是经理的职责所在。而让团队负责人进行进度管理这件事本身就是经理失职的一种表现。于是我们将这张表总结为"缺少管理"，如果在旁边加个括号标注上"过度放任"，就显得更加贴切了。

图 67 中的几张表分别被命名为：缺少交流环节、流程不健全、缺少管理、手段的目的性不强。这是对每个人所发表的意见进行抽象化的整理之后得到的结论。通过整理可以发现，我们所在的组织存在一定的问题。其实这样一个"提出意见、分组、给各组命名"的过程会让我们每个人都有一种非常踏实的感觉。

采用这样一种简化讨论过程并通过讨论得出结果的方法，需要具备很强的概念技能。在解决问题时，我们要注意千万不能只盯着某一个别现象。在整理原因与结果的逻辑关系时，我们会发现有很多问题并不只是我们所看到的那些表象，其本质大多是隐藏在这些表象背后的东西。我们应通过分析原因与结果之间的逻辑关系来弄清它们之间的结构，然后通过对表象的收集整理来找出问题的本质。然而，要想实现这一点，就必须具备用抽象的视角来看问题的能力。

总之，要想找出事物的本质，就必须经常问自己："这究竟意味着什么呢？"或者也可以尝试更换表述的方法。此外，寻找新的切入点也是一种行之有效的方法。另外还有画图，同样也是一种简单便捷的好方法（见图 68）。

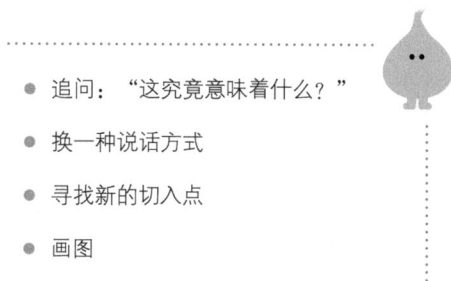

- 追问："这究竟意味着什么？"
- 换一种说话方式
- 寻找新的切入点
- 画图

**图 68　发现本质**

最后，我想对前文提到的寻找新的切入点的方法再做一点补充。例如，狗、猫、鼠既是哺乳动物又是宠物，其中仓鼠是鼠的一种，貂也是鼠的一种。但从宠物这个切入点展开，乌龟也可以是一种宠物。也就是说我们可以通过探寻不同的切入点来得到新的发现。这样一来，我们就不用把注意力只盯在一个点上，而是可以经常反问自己是否可以从其他角度来思考问题，找出事物的本质。我相信，只要持之以恒，就可以提高概念化的技能，同时还可以锻炼创造性的思维方式。

前文中，我为大家介绍了在写书的过程中如何寻找切入点。其实我在写书的过程中，也需要寻找很多不同的切入点。因为即使是同一个东西，从另外一个切入点展开分析，就会得到不一样的结果。所以，这是一项富有创造性的工作，可以不断创造出新的价值。

# 07

# 第 5 层思考：抽象化

## 必备思考技能 5：提高抽象思维能力

## 给"抽象度"划分层级

思考技能的最后一部分是提高抽象思维能力，我们也可以将其理解为一种综合能力。在这个时候，我们需要考虑的问题是抽象度、自由度和适用度。

概念化的世界是没有具体形状可言的，既看不见又摸不着，而我们却必须与这些无形的东西打交道。比如领导有时会让我们去把资料做一下汇总，而在领导和部下之间，对"汇总"这个词可能会有着截然不同的理解。因此，我们从一开始就应该对这个问题做好心理准备。作为部下，你有必要问一下汇总的主要工作有哪些，以便在着手之前就在思想上和领导达成共识。相反，如果领导很详细地告诉你"第一页应该是问题意识，第二页应该是……"，虽然交代得很清楚，但我们的灵活性却受到了限制，而且还有可能根本无法弄清汇总资料的意义是什么。因此，如果我们问一句"汇总资料是做什么用的"或者"您方便说一下具体需要什么样的资料吗"等类似的话，随着工作过程中抽象程度的提高，我们既能弄清领导的目的，又可以增加自己工作的灵活性。

抽象度越高，我们的自由度和适用度也就越高。例如，狗的品种有博美犬、秋田犬、柴犬、柯基犬等，当我们提高抽象的程度把它们看作哺乳类动物的时候，就可以把狗与猫、鼠等更多动物归为一类了。抽象度提高，它所适用的范围也会随之扩大。也就是说，我们越进行抽象化的思考，就越能提高思考的自由度，这会使我们的工作充满了创造性。

我在前文"抽象与具体的关系"和"整体与部分的关系"中就提到，当管理者表达他想做什么的时候，他所说的话是具有极高的抽象度的。但由于很多内容都是依靠语言和文字来表达的，所以聆听者往往会把它误认为这是领导的具体要求。

其实，我们不能被字面的意思所迷惑，而应该具备透过具体表述抓住背后抽象本质的意识。如果没有这种意识，就会出现即使按照领导的吩咐去做了却还是被否定的情况。

为了便于阐明这一观点，下面给大家讲一下"要求—要件—操作"三者之间的区别（见图 69）。"要求"指的是"想做什么"，它的抽象度比较高，并且是完全无形的。因此，要求的自由度和适用度也很高，通常情况下它用来回答"为什么"（Why）。

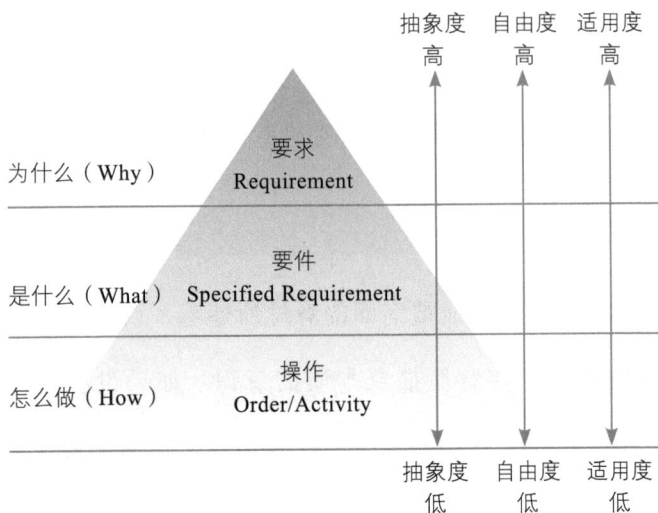

图 69 "要求 - 要件 - 操作"的抽象程度

　　而"要件"则强调"能做什么"。我们经常会把"规格"称作"说明书"，也就是"Specification"。这里的"说明书"就是我们所说的"要件"，即将"想做什么"的"要求"转化为"能做什么""具体做什么"。与"要求"相比，"要件"是比较具体的，因此"要件"的抽象度会比较低。我们可以认为"要件"主要用来回答"是什么"（What）。

而"操作"就显得更加具体了，它指的是采取什么样的行动才能够实现"要件"以及"说明书"。由于基本已经可以通过"操作"来落实自己应该做些什么了，所以它的抽象度也非常低。总的来说，"操作"回答的是"怎么做"（How）。

我们必须清楚地意识到，工作的抽象度也是可以划分出不同层级的。如果我们没有意识到这一点，就会在交流的过程中产生一些障碍。我们会发现即使采用了同样的语言和表达方式，但在管理者和经理之间，以及经理和组员之间却经常会出现理解上的偏差。而抽象度的差别会导致误解，比如，经常会明明嘴上说着"明白"，实际上却完全摸不着头脑。

因此，我们在项目管理的过程中为了处理不同抽象度之间的差别而将最终成品进行了划分（见图 70）。其中，抽象度最高的就是"作业范围记录"，即"Statement of Work（SOW）"。而 SOW 中最重要的就是工程的启动背景。我们可

抽象度 高

抽象度 低

| SOW 作业范围记录 | • 记录工程出资人的要求<br>• 根据商业需求、背景等来说明为什么要对工程进行立项 |
| 工程许可证 | • 赋予工程经理一定的权限，并认可工程的开展<br>• 记录目的、目标和重要成果，以作为后续开发的基础资料 |
| 项目范围记录书 | • 界定工程的目标、操作<br>• 记录本项目的输出，并以此作为划分范围的基础 |
| WBS | • 将工程分解为最终成品和各项操作<br>• 界定做了哪些工作，是如何做的 |

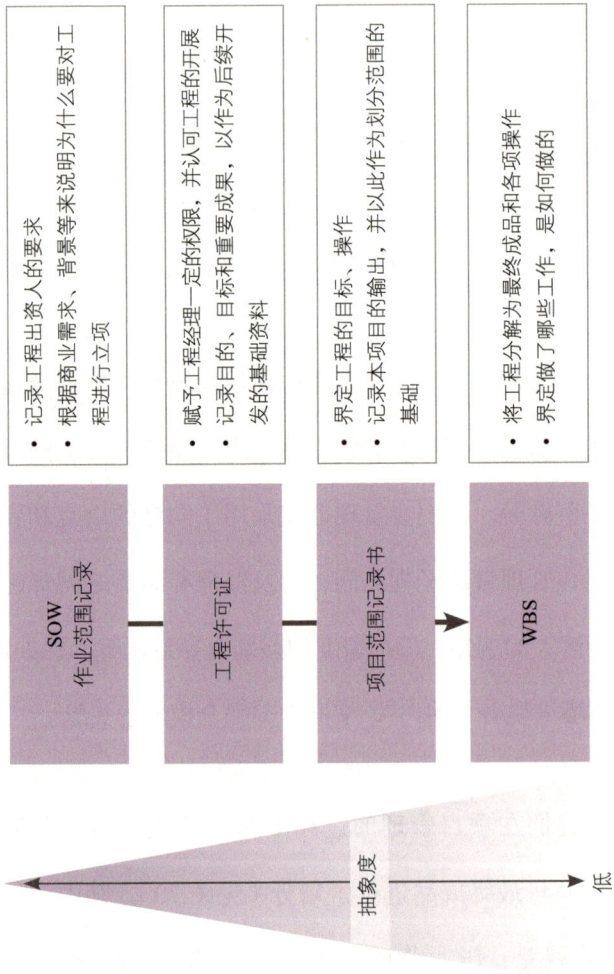

图 70　最终成品与抽象度

以把它理解为"为了什么而开展工程"，或者什么是工程的最原始输入。SOW 会尽可能详细地记录商业需求、背景、希望做的事、不希望做的事、重点项目等一系列内容。而记录这些内容的根本目的则在于让工程的投资方能够充分地理解我们的工作目的以及工作背景，同时也更加便于投资方在后期与工程经理之间达成共识。也就是说，我们进行详细记录的最终目标就是为了明确"要求"和"目的"。因此，如果只是稀里糊涂地完成 SOW 所记录的任务而没有弄清楚为什么要这么做的话是不妥的。

完成 SOW 之后还要通过对工程许可及作业范围进行分析来搞清楚工程的要件是什么，最后在 WBS 中确认具体的作业事项。我相信大家可以很容易就发现这些工作的抽象度是在逐步降低的。

## 通过抽象化提高工作灵活度

领导经常会随口说让我们递个东西，而且往往都是一些很具体的东西。但有时候即使我们照着做了也还是不能让领导满意。实际上，当领导说想要一支圆珠笔时，他只是想要一个可以写字，可以记录，可以做笔记的东西。我们也可以理解为他只是想要一个便签。其实领导说"想要一支圆珠笔"，他可能只是为了便于让对方更容易地理解自己的要求，很多时候他并非需要你真的给他递一支圆珠笔。

因此，在定义一个要件时，最容易犯的错误就是直接按照客户的字面意思去落实工作。有些人一听说客户需要一支圆珠笔，就会立刻去准备一款非常高档的圆珠笔以供客户使用。他们原以为这样就一定可以取悦客户，但事实却并非如此。因为在圆珠笔的背后隐藏了一个更加深层次的需求。如果无法充分了解这个需求，就会一直在要件的层级上不断地徘徊。而我们必须明白无论在这个层级里徘徊多久都无法真正地满足客户的需求。

当我们收到来自领导或者客户的"要件"和"操作指示"时，必须自动地把它们升级到要求的层级来进行处理。同时也必须弄清楚他们到底想做什么，以及他们为什么要这么做。当他们要圆珠笔时，我们就应该稍微动下脑筋想想他们要用圆珠笔做什么。或许他们的实际要求只是一个可以写字或是可以记笔记的东西而已。如果从这个角度来理解，对方除了圆珠笔可能同时还需要一些便笺纸。另外，如果手头没有圆珠笔，钢笔也可以起到同样的作用。而这个思考的过程就是将要件抽象化为要求的过程。这样一来，我们就发现其实可以使用多个不同的要件来满足同一个要求（见图 71）。

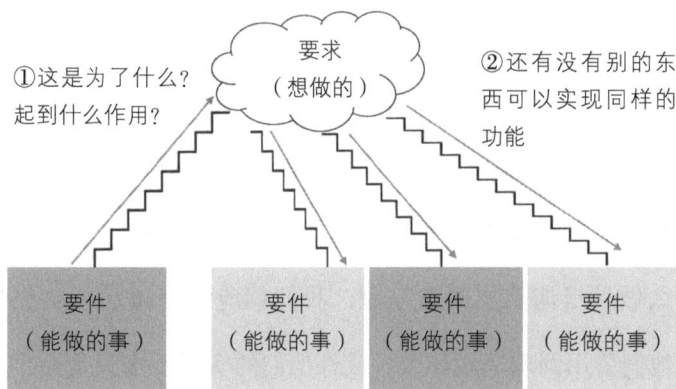

①这是为了什么？
起到什么作用？

要求
（想做的）

②还有没有别的东西可以实现同样的功能

要件
（能做的事）

要件
（能做的事）

要件
（能做的事）

要件
（能做的事）

图71　在抽象的阶梯上自由移动

随着抽象度的提高自由度也会提高。同时，它们的适用范围也会不断地扩大，因此我们完全可以顺便问一下对方具体指的是什么，为什么要这个东西。但是，在工作场合直接这么问好像有些不妥。这时就可以试着换一种表达方式，可以问一下对方是要用在什么地方。所以当领导让我们做某件事情时，我们最好问一句这个东西是要用在哪里的。例如，领导让我们做一份报告书，我们就可以问这份报告书是要用在哪里，它的使用场景又是怎样的。如果领导说是要在董事会上向社长做汇报用，那么我们就必须把数据都列地非常详细。另外，为了能让社长更加方便地查阅报告，还可以对关键部分进行醒目的标注。如果一开始不把要求问清楚，着手做的时候就很难考虑到这些细节了。

无论是要件还是操作指示，都需要先将它们抽象为要求，在对要求进行充分理解之后就可以去落实一个个要件了。这样一来，我们的解决路径一下子就宽了很多，这种思维方式既简便又高效。领导偶尔也会安排一些我们不是很情愿做的事情，如果能搞清楚领导的真实要求，就可以想一些其他的办法来完成领导布置的任务。一旦提高了抽象程度，我们操作的自由度也会大大提高。

通常情况下，缺乏概念技能的人喜欢让对方给出一些具体的指示。如果给出的指示不够具体，他们就不知道该怎么做了。但实际上这种行为却大大降低了自己的自由度。因为缺乏提高抽象度的练习而导致只有给出具体的指示才能工作，这将会给我们的工作带来很多缺憾。

当我们能够自由地穿梭于抽象与具体所交织的世界里时，就会产生很多自由度极高且具有创造性的思想。同时，还可以更加从容地去面对那些概念化的事物。至此，我们已经走到了洋葱思考法的最深一层，我已经将思考的五项技能全部介绍给大家了。当我们具备了"正确阐释概念""建立逻辑关系""优化思维结构""探寻本质规律""提高抽象思维能力"这五种基本技能之后，我们会更接近事实真相，最终找到解决问题的关键。

# 版权声明